DIE WELT DER

ROSE

FOTOS VON CHRISTOPHER BAKER
TEXT VON ALLEN LACY

DUMONT BUCHVERLAG KÖLN

Bildtexte von Allen Paterson

Blumenarrangements von Robyn W. Fairclough unter Mitarbeit von Susan Ward;
Innenräume mit freundlicher Genehmigung von Ms. Lisa Krieger und Mrs. H. Serrell

Die Deutsche Bibliothek – CIP-Einheitsaufnahme

Die **Welt der Rose** / Fotos von Christopher Baker. Text von Allen Lacy.
[Aus dem Amerikan. von Franca Fritz und Heinrich Koop.] –
Köln: DuMont, 1991
Einheitssacht.: The glory of roses ‹dt.›
ISBN 3-7701-2800-1
NE: Baker, Christopher; Lacy, Allen; EST

Aus dem Amerikanischen
von Franca Fritz und Heinrich Koop

Die Originalausgabe erschien 1990 unter dem Titel ›The Glory of Roses‹
im Verlag Stewart, Tabori & Chang, New York

Satz: Fotosatz Froitzheim, Bonn
Printed in Japan ISBN 3-7701-2800-1

Seite 1: *Die regennasse Fensterscheibe verleiht diesen Rosen etwas Traumhaftes, Gemaltes.* Seite 2–3: *Ein üppig-prächtiger Rosenstrauß von harmonischer Form und Farbkomposition.* Seite 4: *Überall in den historischen Gartenanlagen von Cranborne Manor, Dorset, finden sich solch herrliche Rosen wie die hier gezeigte.* Seite 5: *Blüten wie diese aus einem Garten in South Carolina sind die Freude jedes Rosenzüchters.* Seite 7 oben: *In Blumenkübeln kann man nicht nur Zwergrosen, sondern auch Exemplare mit großen Blüten züchten.* Seite 7 unten: *Die Schönheit dieser samtenen Blüte von der Field Farm in Kent kommt durch das sanfte Morgenlicht noch besser zur Geltung.* Seite 8–9: *Diese anmutige Kletterrose verschönt die verwitterte Mauer einer italienischen Villa mit warmen Farbtupfern.* Seite 10: *Trotz ihres zarten Äußeren gehören Rosen zu den kräftigen und langlebigen Pflanzen und können Jahr für Jahr in Schönheit erblühen.* Seite 14–15: *Die* Rosa rugosa *ist leicht zu züchten und duftet wundervoll. Sie wächst in den sandigen Küstenregionen Neuenglands.*

Inhalt

Vorwort
12

Die Liebe zu Rosen
17

Rosen im Garten
41

Rosen und ihre Namen
73

Rosen und ihre Verwendung
123

Rosen und ihre Bedeutung
183

Bibliographie
236

Register
237

Vorwort

Ich behaupte keineswegs, ein Experte für die Pflege und Zucht von Rosen zu sein. Was mich an diesen Pflanzen so sehr fasziniert, ist, daß sie schon seit Urzeiten Liebe und Zuneigung im Menschen wecken – woran sich wohl auch in absehbarer Zukunft nichts ändern wird. Rosen sind die Blumen schlechthin. Wenn es tatsächlich jemanden geben sollte, der nur eine einzige Blumenart kennt, wird es sich dabei mit Sicherheit um die Rose handeln. Sacheverell Sitwell brachte es in *Old Fashioned Flowers* (1935) auf den Punkt: »Die Rose besitzt eine Übermacht, eine Popularität und eine Vielseitigkeit, die der des Klaviers im Bereich der Musik gleicht.« Sitwells Vergleich ist treffend, da die Zahl der Klavierkompositionen die für andere Instrumente bei weitem überragt. Entsprechend umfangreich ist die Literatur über Rosen. Keine andere Pflanzengattung wurde so häufig und so ausführlich beschrieben, von der Weltliteratur – Dantes Vision der *Rosa mystica* am Ende von *Il Paradiso* – bis hin zu prosaischen Tips für den Schnitt und den Schutz gegen Insekten und Krankheiten.

Ich muß gestehen, daß in meinem eigenen Garten nur wenige Rosen wachsen. Ich stehe auf wesentlich besserem Fuß mit Staudengewächsen wie Taglilien, Päonien oder Funkien, denen meine erste und beständigste Liebe gehört. Aber schon ein kurzer Blick auf Christopher Bakers Fotografien weckte in mir den Wunsch, über Rosen zu schreiben. Seine Fotos besitzen eine

Ehrlichkeit, die man bei Abbildungen von Rosen sehr selten findet, und sie zeigen verwelkte Rosen ebenso wie elegante Knospen oder prächtige Blüten. Baker fotografierte Rosen auf baufälligen Mauern, vor modernen Bungalows und in berühmten und sorgsam gepflegten amerikanischen und europäischen Gärten. Als ich alles über Rosen gelesen hatte, was ich bekommen konnte, stapelten sich die Rosenbücher auf dem Boden meines Arbeitszimmers, in den Regalen und auf meinem Nachttisch. Einen ganzen Winter lang habe ich gelesen, geschrieben und ausgedehnte Gespräche mit Rosenliebhabern geführt – lebenden und toten. Hier ist das Ergebnis.

Ich bin vielen Personen zu Dank verpflichtet, vor allem meiner Frau Hella, die geduldig und weitgehend nachsichtig die merkwürdigen Gewohnheiten eines Menschen aushielt, der Bücher über Pflanzen und Gärten schreibt. Meine Agentin Helen Pratt ertrug unermüdlich meine Anrufe, hörte mir zu und munterte mich auf. Elisabeth Woodburn von der Booknoll Farm in Hopewell, New Jersey, und Paulette Rickert von Capability's Books in Deer Park, Wisconsin, haben mir unschätzbare bibliographische Unterstützung und Ratschläge zukommen lassen. Leider ist hier nicht genügend Raum, um auf alles einzugehen, aber wenigstens erwähnen muß ich die Hilfe von John Barstow, Sandra Bierbrauer, Thomas Christopher, John Elsley, Joanne Ferguson, Nancy Goodwin, Tessa Goldsmith, Lorraine Hartman, Steve Hutton und Ann Lovejoy.

Die Liebe zu Rosen

Es ist eigentümlich, wenn man bedenkt, welch großen Raum die Rose und alles, was sie verkörpert, in unserer Welt einnimmt. Sie besitzt beinahe ein Monopol für alle Bewunderung und gehört zu den wichtigsten Symbolen der Literatur und der Liebe. In ihrer Natur liegt etwas Mysteriöses – eine innere Faszination, eine zarte Kraft, ein versteckter Zauber, den nur sie ausübt und den keine andere Blume besitzt – etwas, das die Liebe der ganzen Welt auf sich zieht.

Candace Wheeler, *Content in a Garden* (1902)

Auch wenn der Anblick einer Rose oder ihr zarter Wohlgeruch im allgemeinen angenehm und wunderbar erscheinen, so gibt es doch Menschen, die dies nicht ertragen können«, schrieb der amerikanische Pflanzenzüchter Samuel B. Parsons in *The Rose: Its History, Poetry, Culture and Classification* (1847). »Obwohl Anna von Österreich, die Frau Ludwigs XIII. von Frankreich, von Parfüms sehr angetan war, besaß sie eine solche Abneigung gegen Rosen, daß sie sie noch nicht einmal in einem Gemälde ertragen konnte. Noch größer war der Abscheu des Herzogs von Guise, denn er ergriff beim Anblick einer Rose sofort die Flucht. Dr. Ladelius erwähnt einen Mann, der während der Rosenblüte sein Haus nicht zu verlassen wagte und so zu einem Einsiedlerdasein verurteilt war; falls er dennoch den Duft einer Rose wahrnahm, wurde er sofort von einer heftigen Influenza befallen.«

Parsons zählt nicht mehr als drei Rosenfeinde auf, und das aus gutem Grund. Von den Urzeiten bis heute spielen Rosen im menschlichen Gefühlsleben eine bedeutendere Rolle als jede andere Pflanze. Allenfalls Lilien lassen sich seit vergleichbar langer Zeit mit Menschen und ihren Gärten in Verbindung bringen. Rosen wuchsen im Ägypten der Pharaonen, und man kultivierte sie im Kreta der Bronzezeit: eine der frühesten Abbildungen einer Rose findet sich

Dieser stilwidrige Fleck in einem kalifornischen Mischgarten entkräftet die Ansicht, nur der reine Rosengarten habe Zauber. Vorhergehende Seite: *Wie bei jeder Mode kehren auch die Vorlieben für bestimmte Rosen immer wieder. Von üppig-prächtigen Blüten wie diesen wandert der Geschmack bis zu zarten Miniatur-Teerosen und wieder zurück.* Seite 16: *Das Ausputzen verblühter Rosen gewährleistet eine lange Blütenperiode und läßt ein buntes Gewirr von Farben zurück.*

auf einem über 3 500 Jahre alten Fresko in Knossos. Münzen aus Rhodos, die zu Beginn des 5. Jahrhunderts vor Christus geschlagen wurden, zeigen auf einer Seite eine Rose, und der Name Rhodos soll »Ort der Rosen« heißen, obwohl nicht alle Gelehrten dieser Bedeutung zustimmen.

Soweit ich weiß, erwähnten weder Plato noch Aristoteles Rosen, aber Theophrastos, ein Schüler von Aristoteles, beschrieb mehrere unterschiedliche Spezies, wenngleich auch nicht so genau, daß heutige Botaniker oder Gartenexperten diese Rosenarten identifizieren könnten. Die griechische Dichterin Sappho besang die Rose, und der Lyriker Anakreon nannte sie die »Königin der Blumen«. Noch vor ihnen sprach Homer von der »rosenfingrigen« Eos, der Göttin der Morgenröte, und er erzählt davon, daß der Schild des Achilles mit Rosen geschmückt war. In der griechischen Mythologie wurde die Rose der Aphrodite zugeschrieben, in der römischen Götterwelt galt sie als Blume der

Die Complicata, *eine Unterform der* Rosa gallica, *besitzt elegante, einfache Blüten, die keine Rückschlüsse auf den Ursprung ihres Namens zulassen.*

Venus. Der römische Gelehrte Plinius der Ältere verfaßte im letzten Viertel des 1. Jahrhunderts nach Christus seine *Naturgeschichte*, in der viele Seiten den Rosen gewidmet sind. Vergil und Horaz schrieben voller Bewunderung über Rosen, die von ihren Zeitgenossen geschätzt und geliebt wurden. Im christlichen Glauben entstanden schon früh symbolische Bezüge zwischen der Rose und der Jungfrau Maria und Jesus Christus, und die Vielfältigkeit dieser Symbolik gewann im Mittelalter und in der Frührenaissance immer mehr an Bedeutung.

In der Geschichte der bildenden Kunst findet sich keine Blume, die häufiger dargestellt wurde als die Rose – von Botticelli bis hin zu Georgia O'Keefe –, und keiner Blume haben Dichter sich mehr gewidmet. Die Rose ist ein zentrales Sinnbild sowohl in Dantes *Divina Commedia* als auch im *Roman de la Rose* des 13. Jahrhunderts. Shakespeare, Herrick, Campion, Blake, die Brownings, Wordsworth, Yeats, Eliot – sie alle schrieben Gedichte über Rosen, und mit ih-

Wie ein zerbrechlicher Schmetterling wirkt diese einzelne chinesische Rose, an der sich die Regentropfen fangen. FOLGENDE DOPPELSEITE: *Die Natürlichkeit dieser Kletterrose steht in schönem Gegensatz zu den gestutzten Buchsbäumchen und den verästelten Linden und bereichert so diese typisch italienische Landansicht.*

nen so viele andere, daß es leichter wäre, diejenigen Lyriker aufzuzählen, die nichts zu Rosen verfaßt haben, als diejenigen, die ihnen Tribut zollten. Orientalische Dichter wie Omar Khayyam besangen sie ebenso wie die zum Glück schnell vergessenen Poetinnen Felicia Hemans und Louisa Ann Twamley, von denen ich nur weiß, daß sie während des 19. Jahrhunderts in englischer Sprache *A Song of the Rose* und *Flower Fantasies* schrieben – beides schreckliche Gedichte, aber aufrichtig in ihrer ehrlichen Würdigung der Königin der Blumen.

Und auch die Gartenschriftsteller haben natürlich die Rosen nicht vergessen. In meiner Bibliothek befinden sich 50 Bücher älteren und neueren Datums, die sich ausschließlich mit Rosen befassen. Wenn ich all die anderen kaufen wollte, die ich kenne, müßte ich mein Einkommen verdreifachen und darüber hinaus einen neuen Flügel an unser Haus anbauen, um sie unterbringen zu können. Außer Parsons in Amerika schrieben William Paul, Catherine Gore, Ellen Willmott, Gertrude Jekyll und viele andere britische Schriftsteller der Vergangenheit ganze Bücher ausschließlich über Rosen.

Soforthilfe für Pariser Gärten: Teehybriden, Strauchrosen und sogar auf Spaliere gezogene Kletterrosen können auf der Straße gekauft werden.

Aus der heutigen Zeit ist vor allem der hervorragende britische Rosenexperte Graham Stuart Thomas zu erwähnen, der mehrere Rosenbücher verfaßt hat, vor allem über die alten Strauchrosen des 19. Jahrhunderts, die er so liebt und die er vor der Versunkenheit in alten, beinahe vergessenen Gärten bewahrte. Thomas Christophers Buch *In Search of Lost Roses* zeigt eine ähnliche Leidenschaft für die alten Rosen der heutigen USA. Auch in den knappen Essays, die Vita Sackville-West für den Londoner *Observer* über ihren Garten in Sissinghurst Castle in Kent schrieb, waren Rosen ein immer wiederkehrendes Thema. In seiner Essay-Sammlung *The Essential Earthman* und in seiner wöchentlichen Kolumne in der *Washington Post* preist Henry Mitchell die Rosen, wann immer sich ihm eine Gelegenheit dazu bietet, genau wie der junge englische Schriftsteller Stephen Lacey in seinem Buch *The Startling Jungle: Colour and Scent in the Romantic Garden.* Indem ich nun selbst über Rosen schreibe, reihe ich mich ein in »die große Schar der Bekennenden«, wie die Priester zu sagen pflegten, als ich noch klein war.

Dieser Schrebergarten außerhalb von Zürich verbindet nach alter ländlicher Tradition Blumen- und Gemüsesorten.

Schon seit Jahrhunderten werden Rosen förmlich angebetet, und ihre Verehrer bilden eine weit verbreitete und große Glaubensgemeinschaft. Der spanische Philosoph Miguel de Unamuno schrieb einmal, daß es jedem Menschen sehr schwerfalle, zu begründen, warum er jemanden oder etwas liebe. Damit gab er vielleicht nur Blaise Pascal wieder: »Das Herz hat Gründe, die der Verstand nicht kennt.« Dennoch ist die Liebe zu Rosen leicht zu erklären, denn sie entspringt der Freude an der Vielfalt ihrer Formen und Farben, an ihrem oftmals betörenden Duft und an der prachtvollen Aura, die sie einem Juni-Garten verleihen, in dem sie großzügig angepflanzt worden sind. Damit schließe ich mich dem Urteil von S. Reynolds Hole an, einem anglikanischen Geistlichen, der von 1887 bis 1904, als er vierundachtzigjährig starb, Dekan der Rochester Cathedral war. *A Book about Roses,* das er 1869 veröffentlichte, war eins der ersten Bücher, die den Namen Bestseller verdienten: Allein zu Lebzeiten seines Autors erfuhr es zwanzig Auflagen. Hole verglich einmal den Besuch eines Gartens voller wunderschöner Rosen mit dem erstmaligen Hören des

Der Geist des Klassizismus lebt durch den Sinn für das Detail und zeigt sich hier in der bemerkenswerten Schlichtheit und Vornehmheit dieses Rosenarrangements.

Halleluja, gesungen von einem Chor mit 1000 Stimmen, und er schrieb eine liebevolle Schilderung der vielfältigen Reize eines solchen Gartens:

»Betreten Sie den Rosengarten, wenn das erste Sonnenlicht auf dem Tau glänzt, und genießen Sie mit dankbarer Freude einen der schönsten Anblicke auf Erden. Welche Vielfalt und Harmonie der Farben zugleich! Man sieht weiße Rosen, gestreifte Rosen, zartrosa Rosen, rosa Rosen, rote Rosen, karminrote Rosen, karmesinrote Rosen, scharlachrote Rosen, zinnoberrote Rosen, weinrote Rosen, purpurrote Rosen, nahezu schwarze Rosen und Rosen von einem leuchtenden Gold. Welche Vielfalt und Harmonie der Form zugleich! Zwergrosen und Kletterrosen, Rosen, die fast wie ein Teppich den Boden bedecken, Rosen, die wie der weiße Schaum eines Springbrunnens wirken und Rosen, die ihre Zweige aufwärts recken, als wollten sie die Sonne küssen; Rosen, nicht größer als ein Achat auf dem Zeigefinger eines Ratsherrn und Rosen von einem dutzend Zentimeter Durchmesser; Büschelrosen und einzelne Rosen; Rosen als Knospen, in voller Schönheit, in ihrem Niedergang und verblüht. Und diese leuchtenden Farbtöne harmonieren nicht nur miteinander, sie verstärken und betonen noch gegenseitig

Katzenminze, Falscher Jasmin und Wiesen-Frauenmantel warten zusammen mit auftauenden Rosenblüten darauf, zu einem Frühsommerstrauß gebunden zu werden.

ihre Schönheit. All diese Ausformungen individueller Gestalt und allgemeiner Kontur verschmelzen in sich bestärkender Anmut. Und über dieser vollendeten Einheit liegt eine Frische, ein Duft, eine Reinheit und Pracht! Sie erröten, sie schimmern inmitten ihrer glänzenden Blätter und niemals . . . ward dem Auge Schöneres zuteil.«

Wenn es gefährlich ist, nach den Gründen für eine Liebe zu fragen, dann birgt die Frage nach dem Sinn und Zweck dieser Liebe eine noch größere Gefahr. Meiner Meinung nach ist Liebe sich selbst genug, und wenn es je einen Menschen gab, der von der Liebe in Bann geschlagen wurde, dann war das Dekan Hole mit seiner Liebe zu Rosen. Es kam schon fast einer Bekehrung gleich, als er 1844 plötzlich seiner Liebe zur Fuchsjagd entsagte und statt dessen begann, seine Lieblingsblumen zu züchten. Und er predigte das Evangelium der Rose genauso wie das Evangelium des Herrn. Er fand es nicht in Ordnung, daß für Nelken und Primeln jährliche Blumenausstellungen stattfanden, nicht aber für Rosen, und so spornte er 1856 befreundete Rosenliebhaber dazu an, sich zu organisieren.

OBEN: *Eine Kletterrose der Gattung* Wichuraiana *lockt in Cranborne Manor, Dorset, den Herumschlendernden auf die erhöhte Balustrade, nur um sich dann über die Mauer hinweg in den tiefer gelegenen weißen Garten zu ergießen.* GEGENÜBER: *Einer der vielen rosenüberwachsenen Bögen, die die herrlichen Ausblicke in Jenkyn Place, Hampshire, umrahmen.*

Zwei Jahre später fand unter seiner Leitung Englands erste National Rose Show statt. Die Ausstellung war ein großer Erfolg und wurde zu einem jährlichen Ereignis, das mit jedem Jahr mehr und mehr Aussteller und Besucher anzog.

Hole war aber nicht nur Rosenliebhaber, sondern auch ein guter Viktorianer, und die Rose war für ihn nicht nur ein ästhetischer und sinnlicher Genuß, sondern zugleich ein Mittel zur Anhebung der menschlichen Moral. In *A Book about Roses* berichtet er mit großer Befriedigung von der Antwort eines Rosenliebhabers aus der Schicht der »arbeitenden Armen« auf die Frage, wie dieser sich neue und teure Rosensorten leisten könne: »Indem ich nicht mehr in die Wirtschaft gehe!« Hole sah in der Liebe zur Gartenarbeit im allgemeinen und zu Rosen im besonderen ein Mittel zur Steigerung menschlichen Glücks und der Weckung positiver Zielsetzungen besonders bei Männern. »Bringe einen Mann aus den Kneipen und Bierschenken zurück an die reine, frische Luft«, schrieb er, »interessiere ihn für die großartigen Werke Gottes anstatt für die Auswüchse des Lasters, gib ihm eine Beschäftigung, die seiner Gesundheit

OBEN: *Ein Lüsterkrug, eine Spitzengardine und dazu passende alte Rosen.* GEGENÜBER: *Dieses strohgedeckte Landhaus in Hampshire, England, verwandelt sich in eine Laube aus Kletterrosen.* FOLGENDE DOPPELSEITE: *Ein denkbar schlichtes Holzgerüst trägt diese Rankrose vor einem Landhaus in Kent.*

dient und seiner Familie nützt, anstatt beides zu zerstören, und baue auf der Naturreligion die Offenbarungsreligion auf. Dann kannst du darauf hoffen, daß er ein guter Christ wird.« Seine Worte trafen nicht auf taube Ohren: Ein Kritiker der ersten Ausgabe seines Buches beschrieb das Werk als einen Weg »zum Herzen der unteren Schichten – der Schlüssel zu Freuden, die ihnen lieber sind als der übermäßige Biergenuß.«

Ich bezweifle, daß die viktorianische Vorstellung zutrifft, nach der wir in der Gartenarbeit moralische oder geistige Erlösung finden können, weil unsere frühesten Ahnen in einem Garten sündigten. Aber so viel weiß ich über Rosen: Sie sind für viele Menschen Gegenstand tiefer und unvergänglicher Liebe und somit Erfüllung an sich. Doch außerdem dienen sie als Ausdruck der Freundschaft und der Herzlichkeit, der Sympathie und der Liebe anderen Menschen gegenüber. Wenn man jemandem Blumen schenkt, sei es ein Strauß aus dem eigenen Garten oder aus dem Blumengeschäft, drückt man damit seine Zuneigung zu einem an-

OBEN: *Moderne Rosen schmücken die alten Gemäuer am Forum Romanum in Rom.* GEGENÜBER: *Die feine Daisy Hill gehört zu den vielen Rosenarten der Mottisfont-Abtei in Hampshire.* FOLGENDE DOPPELSEITE: *Auch heute noch inspirieren Päonien, Pfingstrosen, Frauenviolen und Rosen Künstler in Monets Garten.*

deren menschlichen Wesen aus, zu einem Freund oder Geliebten, zu den Eltern oder zu den Kindern oder zu jemand anderem, dem man seine Wertschätzung zeigen möchte. Die Blumen werden bald verblaßt und verwelkt sein, aber die Gefühle, die sie vermitteln, leben fort – selbst wenn man sich eines Tages nicht mehr an sie erinnert.

Vor nicht allzu langer Zeit durchblätterte ich die Sammelalben meiner Mutter, der die Alzheimersche Krankheit jeden Rest von Erinnerung und dann auch das Bewußtsein geraubt hatte. Dabei fand ich eine gepreßte Rose – deren braun gewordene Blütenblätter immer noch einen Hauch von Rot hatten – mit einer datierten Karte. »Ich liebe Dich, Jetta«, stand darauf und das Jahr war 1924. Damals war meine Mutter sechzehn gewesen. Ich weiß nicht, wer ihr die Rose geschickt hatte; vielleicht war es mein Vater, aber ich nehme es nicht an. Diese verblaßte Rose sagt mir heute, viele Jahre nach ihrer Blüte, daß irgend jemand meine Mutter geliebt hat, als sie sechzehn war. Und so teilt mir eine Rose etwas Wichtiges mit.

OBEN: *Einfache Rosen verändern sich zu halbgefüllten Blumen, wenn ihre Staubgefäße kronblattartig wachsen; mit dieser Mutation begann die Entwicklung zur völlig gefüllten Blume.* GEGENÜBER: *Frisch geschnittene Rosen verschönen ihren zeitweiligen Aufenthaltsort im Flur.*

Rosen im Garten

Wer schöne Rosen in seinem Garten wünscht, muß schöne Rosen in seinem Herzen *haben. Er muß sie stets und innig lieben. Um zu siegen, muß er werben, wie Jakob Labans Tochter umwarb, durch Dürre und Frost. Ihn dürfen nicht nur die glühende Bewunderung, der Enthusiasmus und die Leidenschaft erfüllen, sondern auch die Zärtlichkeit, die Aufmerksamkeit, die Ehrfurcht und die Wachsamkeit der Liebe.*

S. Reynolds Hole, *A Book about Roses* (11. Auflage 1901)

Ein Garten ohne Rosen ist beinahe undenkbar. Ich sage dies als Gartenbesitzer, der nur einige wenige Lieblingsrosen zieht, von denen keine den wahren Rosenliebhaber beeindrucken könnte. Eine besondere Zuneigung hege ich zu Betty Prior, die ihre einfachen, dunkelrosafarbenen Blüten von Ende Mai bis zum ersten Frost verschwenderisch präsentiert. Selbst später noch blüht sie vereinzelt, und in einigen Jahren sogar an Weihnachten, wenn im Garten jede Blume höchst willkommen ist. Ich bewundere auch meine einzige Climbing Peace, die in einer hinteren Ecke des Gartens an einer blauen Atlaszeder emporklettert. Sie hat glänzend dunkelgrüne, beinahe lederartige Blätter, und die Farbe ihrer Blüten – ein Pfirsichrosa, das von Aprikosengelb überzogen ist – ist eine Wohltat für die Seele. Die spitzen Knospen sind von erhabener Eleganz, und sie öffnen sich zu riesigen und prächtigen, langlebigen Blüten, die als Zimmerschmuck die Aufmerksamkeit auf sich ziehen. Selbst ein einzelnes Exemplar in einer Kelchvase erfreut das Herz. Diese Climbing Peace ist so robust und gesund, daß ich sie in den siebzehn Jahren, seit ich sie pflanzte, nicht ein einziges Mal mit Pestiziden behandeln mußte – die ich zwar im Prinzip ablehne, auf die ich aber hin und wieder heimlich zurückgreife. Die Pflanze wächst gerade außerhalb der Reichweite meiner Gartenschläuche und Rasensprenger, aber sie hat selbst in Jahren mit schlimmen Dürreperioden nie ihre Blüten und Blätter hängen lassen. Rosen sagt man – manchmal zu Recht – nach, daß sie wählerisch und launisch seien, aber diese ist wirklich hart im Nehmen,

Im Rosarot dieser gefüllten Blüten im Gegenlicht findet die Frische des späten Junimorgens ihren Ausdruck. Vorhergehende Seite: *Die antike Statue bildet mit den modernen Rosen ein romantisches Gartenfleckchen in La Pietra bei Florenz.* Seite 40: *Ein einfacher Rosenbogen trennt den Blumengarten vom Geräteschuppen und verleiht beiden zusätzliche Farbe und Schönheit.*

und ich ziehe meinen Hut vor ihrem Rückgrat und Mumm. Ihr einziger wirklicher Schwachpunkt ist ihre völlige Duftlosigkeit. (In einem meiner Rosen-Kataloge schreibt man ihr euphemistisch einen »zarten Duft« zu.)

Climbing Peace entstand in den späten vierziger Jahren und ist eine Mutation von Peace (Gloria Dei), der Rose, die zu Recht als die bekannteste Rose seit 1945 und vielleicht sogar als die bekannteste Rose unseres Jahrhunderts bezeichnet wird. Der französische Rosenzüchter Francis Meilland züchtete Peace in den dreißiger Jahren, und Stecklinge dieser Rose erreichten mit dem letzten Flugzeug aus Paris zu Beginn des zweiten Weltkriegs die renommierte amerikanische Rosenzüchterei Conard-Pyle. Ihren englischen und amerikanischen Namen erhielt Peace am Tag der Eroberung Berlins durch die Alliierten. Bis 1974 wurden in Europa und Amerika über hunderttausend Exemplare dieser Rose verkauft – danach scheint man das Zählen aufgegeben zu haben.

OBEN: *Sattes Purpur, echtes Rot und dunkles Grün betonen das edle Rosa dieser Rose auf der Field Farm in Kent: eine großartige Verbindung von Natur und bewußter Anordnung.* GEGENÜBER: *In diesem herrlich vollkommenen Gartenstück, in dem sich Clematis und Rosen oberhalb von Fingerhut, Schwertlilie und Wiesenraute einen Stützbogen teilen, blieb kein Zentimeter ungenutzt.* FOLGENDE DOPPELSEITE: *Strauchrosen verleihen einem imposanten, aber monochromen klassischen Garten mit Zypressen, Kiefern und Buchsbäumen einen Hauch von Frühsommerfarbe.*

Außergewöhnliche Farbkombinationen und eine besondere Ausgewogenheit der Formen zeichnen Monets Garten in Giverny aus.

Rosen besitzen gegenüber anderen Blumen die Eigenart, daß ein einziger Strauch von ihnen, ohne besondere Planung an einen wenig einladenden Platz gepflanzt und sich selbst überlassen – etwa an einen Drahtzaun, um einen Müllplatz notdürftig zu kaschieren, oder vor ein häßlich türkis gestrichenes Haus an einem kippenübersäten Gehweg –, die Ahnung eines Gartens vermitteln kann, ja, vielleicht sogar den Grundstock eines künftigen Gartens bildet. Möglicherweise bleibt dieser Strauch allein, als Resultat von jemandes einzigem Schritt in Richtung Schönheit – ein totgeborener Impuls. Vielleicht regt er aber auch den Menschen, der ihn pflanzte, zu weiteren und befriedigenderen gärtnerischen Aktivitäten an. Ich weiß nicht, wie viele passionierte Gärtner einst ohne große Ambitionen damit anfingen, eine Rose zu pflanzen – aber es sind bestimmt nicht wenige.

Ich habe einige feste Ansichten – gesunde Vorurteile – darüber, wie ein Garten sein sollte. In den Gärten, die ich am meisten bewundere, und in dem Garten, den ich nach meinen Bedürfnissen und Vorstellungen selbst zu gestalten versucht habe, sind Rosen ein Bestandteil – ein wichtiger, aber keineswegs der einzige. Ein Garten sollte ein friedvolles Königreich sein, in dem Löwe und Lamm nebeneinander ruhen. Zu Füßen der Rosen müßten Veilchen und Wiesen-Frauenmantel wachsen und zwischen den Rosen Taglilien, Gartenmelisse, Prachtkerze und andere winterharte Pflanzen, die nicht isoliert stehen sollten, sondern sich mit Nandina domestica, Lorbeeren, Mahonien und anderen Sträuchern, mit Sauerdorngewächsen, Prunus pissardii mit ihren violettbraunen Blättern und anderen kleinen Bäumen vermischen könnten. Wenn Rosen im Juni das erste Mal blühen, sollten die rahmfarbenen Blüten von Yuccas an ihren langen Blütenständen in ihrer Nähe sein, allein schon, um abends das Duftgemisch genießen zu können. Ich bin ein überzeugter Anhänger von Mischgärten und einer umfassenden gärtnerischen Großzügigkeit.

Ich stehe mit dieser Auffassung und Vorliebe nicht alleine da, denn ich befinde mich in der ausgezeichneten Gesellschaft des großen, wenn auch manchmal peniblen britischen Gärtners William Robinson. In den fünfzehn

GEGENÜBER, OBEN: *Gestreifte Rosen erfreuen sich seit jeher großer Beliebtheit. Rosa Mundi, die ihren Namen angeblich der Schönen Rosamund verdankt, der Geliebten König Heinrichs II., ist eine der populärsten unter ihnen.* UNTEN: *Obwohl American Pillar zu den robustesten Rankrosen zählt, sind für ihr Gedeihen kräftiges Zurückschneiden und sorgfältiges Anbinden nötig.*

immer wieder überarbeiteten Auflagen seines einflußreichen Werks *The English Flower Garden*, die zwischen 1883 und 1933 veröffentlicht wurden, legt er ein paar deutliche Thesen zur Rosenzucht dar. Seiner Meinung nach sollten Rosen aus Stecklingen gezogen werden, damit sie ihr eigenes Wurzelsystem bilden können, anstatt sie zu okulieren oder auf den Wurzelhals einer anderen Rose aufzupfropfen. Die Okulation war – damals wie heute – bei den Züchtern die beliebteste Vermehrungsmethode von Rosen, da man mit ihr viele Pflanzen in kurzer Zeit produzieren kann. Aber Robinson war der Überzeugung, daß die Okulation letztendlich zu schwachen Pflanzen führen würde, die sehr anfällig für Krankheiten wären. Ganz besonders verabscheute er eine Veredelungstechnik, bei der Hochstamm- oder Standardrosen entstehen: »Rosen, die auf Stangenspitzen gesteckt werden und meist dort verhungern«, schrieb er. Darüber hinaus vertrat Robinson die Ansicht, daß das Mulchen der Rosen mit einer Mischung

Die meisten Rosen sind hervorragend bewaffnet: Strauchrosen besitzen gerade Dornen, und die der Kletterrosen sind hakenförmig und ermöglichen es den Pflanzen, sich nach oben zu hangeln.

aus Stroh und »Exkreten vom Bauernhof alles andere als gesund oder sogar notwendig« sei; er zog es statt dessen vor, Stiefmütterchen, Veilchen und Thymian zwischen seine Rosen zu setzen. Die Rosengärten in Paris hielt er für »krank«.

Doch am entschiedensten vertrat er die These, daß die damalige Praxis, Rosen von anderen Pflanzen getrennt in einem eigenen Garten zu halten, einer »dummen Vorstellung« entspringe und sowohl die Rosen als auch die anderen Pflanzen reizloser mache. »Für einen Blumengarten bedeutet es einen großen Verlust, wenn die Rosen – wie es heute üblich ist – separat gepflanzt werden oder in vielen Gärten völlig fehlen. Es ist erstaunlich, wie armselig und streng viele Orte wirken, die von der Schönheit der Rose profitieren könnten; und als einzigen Ausgleich für diese Kahlheit bietet man uns die sogenannten Rosarien, die größtenteils eine häßliche Angelegenheit sind mit Pflanzen, die häufig nur ein paar Wochen im Sommer blühen.«

Gefüllte, runde, öfterblühende Hybriden wie diese galten im 19. Jahrhundert als das Ideal des Rosengartens. FOLGENDE DOPPELSEITE: *Das Ausputzen verwelkter Blüten garantiert auch weiterhin atemberaubende Anblicke dieser leuchtenden Grandiflora-Rosen, die hier in ihrer ersten Sommerblüte stehen.*

Entgegen Robinsons Ratschlägen und trotz seines Einflusses gibt es noch immer zahlreiche Gärten, die ausschließlich von Rosen beherrscht werden. Häufig handelt es sich dabei um Privatgärten, die das Ergebnis sektiererischer Motive sind. Mit »sektiererischen Motiven« meine ich das in der Gartenwelt weitverbreitete Phänomen, daß jemand zu einer Pflanzenart eine besondere Zuneigung entwickelt – und nur zu dieser. Diese Art wird dann ausschließlich angepflanzt, und falls doch noch andere Pflanzen dazukommen, werden sie als »Begleitpflanzen« bezeichnet. Diese Leute werden Sammler, die danach trachten, möglichst viele verschiedene Spezies und Kulturrassen einer Pflanzengattung zu besitzen, unabhängig davon, wie groß oder klein ihr Garten ist. Sie treten Vereinen bei, in denen verwandte Seelen ihre einzige Leidenschaft teilen, und dort reden sie über Rhododendren, Funkien oder Päonien, ohne daß jemand sich langweilt. So gibt es dann die Farn-Freunde oder die Actinidia-Anhänger oder die Lilien-Liebhaber. Doch ich respektiere die Leidenschaft des Gärtnerns, wo und in welcher Form sie auch auftritt, und ich bekenne ohne Scham, daß mein eigenes Gärtnerdasein mit einer überwältigenden Leidenschaft

Eine wahre Blütendemonstration ist dieser prächtige Laubengang im Parc Floral d'Apremont mit seinen Rosen und weißen und purpurfarbenen Glyzinien.

für Taglilien begann, die beinahe alle anderen Pflanzen ausschloß – eine Verblendung, die nicht eben kurz währte. Wir Universalgärtner verdanken den Sektierern viel, denn ihre sorgfältige Beobachtung und Pflege vieler Pflanzen einer einzelnen Gattung zeigt uns schließlich, welche Funkien wirklich lohnend sind, welche Taglilien wir anpflanzen sollten und so weiter.

Der private Garten von jemandem, dessen ganze Liebe den Rosen gilt, besteht in den meisten Fällen aus langen rechteckigen Beeten, die gerade breit genug sind, daß man zwei Reihen von Rosen nebeneinander anpflanzen kann. Diese Beete werden durch kurzgeschnittene Rasenstreifen voneinander getrennt, deren Ränder zu den Beeten hin sorgfältig gestutzt sind. Zwischen den Rosen stehen keine weiteren Pflanzen, und der Boden ist im allgemeinen gemulcht, zwar nicht mit Stroh und den »Exkreten«, die William Robinsons Zartgefühl so beleidigten, sondern mit »saubereren« Materialien wie zum Beispiel Buchweizenhülsen, kleingeschnittener Rinde oder Kakaoschalen. Bei den Rosen wird es sich fast ohne Ausnahme um moderne Teehybriden handeln, und zwar aus meh-

Verräterische dunkle Flecken auf den Blättern inmitten bezaubernder Blüten sind womöglich Anzeichen für Sternrußtau, einer Krankheit, die die Pflanzen entstellt und schwächt.

reren Gründen: Diese Rosengattung ist in den Blumengeschäften am häufigsten anzutreffen, ihre Knospen sind länglich und spitz und ihre Blüten groß und voller Blütenblätter, wirken dabei aber nicht zerzaust. In der breiten Öffentlichkeit gilt diese Gattung mittlerweile als *die* Rose, als perfekte Verkörperung und Form dieser Blume. Darüber hinaus blühen Teehybriden bei richtiger Pflege den ganzen Sommer hindurch bis in den Herbst hinein. Gezielte Züchtungen haben dazu geführt, daß die Farbpalette dieser Gattung unübertroffen groß ist und sogar glühende, tropische Orangetöne umfaßt.

Die pragmatische Anlage dieser Rosengärten ist so schlicht und einfach, daß Frank Lloyd Wright oder das Bauhaus Pate gestanden haben könnten. Funktion bestimmt die Form. Die Beete sind schmal und von Rasenstreifen

OBEN: *Bei dieser italienischen Villa harmonisieren Rosen das Verhältnis zwischen Architektur- und Kunststil.* GEGENÜBER: *Im Rosengarten von Bagatelle wachsen über 7000 Rosen in fast 700 verschiedenen Formen.* FOLGENDE DOPPELSEITE: *Andrew Marvells friedvolle Vorstellung von »grünen Gedanken an einem grünen, lauschigen Ort« wird hier von einem Schwall roter Rosen durchbrochen.*

durchzogen, so daß der Gärtner bequem jede Rose erreichen und ihr die Pflege zukommen lassen kann, die sie verdient. Denn eine Sammlung von Teehybriden erfordert *gute* Pflege. Jeder, der diese Rosen schon einmal erfolgreich gezogen hat oder seinem Nachbarn dabei zusah, weiß, daß diese Pflanzen eine Menge Arbeit machen – Ausputzen, um verwelkte Blüten zu entfernen, Bewässern, Düngen, Besprühen, Beschneiden und viele andere Aufgaben mehr.

Manche Leute, die darangehen, einen Garten mit Teehybriden anzulegen, würden dieses Unterfangen wohl gleich wieder aufgeben, wenn sie wüßten, wieviel Arbeit auf sie zukommt und welche intensive Beschäftigung mit den Pflanzen erforderlich sein wird. Doch genauso wahrscheinlich werden andere sagen: »Tja, das wußte ich nicht, aber ich mag diese Sache nun mal, und deshalb mache ich einfach weiter.« Hier stoßen wir auf eine der Unerklärlichkeiten des menschlichen Wesens: Wir sind nicht immer vernünftig, egoistisch und planvoll auf ein Ziel ausgerichtet, das wir manchmal für einen absoluten Wert halten. Auch in einem vom Unternehmergeist besessenen Menschen kann die Seele eines Amateurs stecken, im wahrsten und besten Sinne des Wortes. Die Beschäftigung mit Rosen, das Einbezogensein in einen Aspekt der natürlichen Ordnung ist oft ausschließlich für den Gärtner selbst eine Quelle der Befriedigung, doch indem er Freunde mit geschnittenen Rosen aus seinem Garten erfreut, kann er ein bißchen davon mit ihnen teilen.

Bei Heimgärtnern, die sich ausschließlich der Rose verschreiben, kann die Passion unter Umständen Wettbewerbscharakter annehmen: Die größte Erfüllung solchen Trachtens besteht dann im Gewinn eines blauen Bandes bei einer Rosenausstellung. Ein sicheres Zeichen für die Absicht, Schnittrosen zur Schau zu stellen und mit anderen Züchtern um Preise zu wetteifern, ist der Schutz besonders vielversprechender Exemplare. Zwischen den Blumen in den länglichen Beeten sprießen dann komische Gegenstände: auf Holzpflöcken stehen Metallkegel, die an den Trichterhut des Blechholzfällers im *Zauberer von Oz* erinnern. Die Kegel schützen junge Knospen vor der sengenden Sonne oder vor Regen, der die Blütenblätter verunstalten könnte. Zu weiterem Schutz werden die Stiele manchmal noch kurz vor dem Schneiden und dem Transport zur Ausstellung mit Zellophan umwickelt.

Ein weißer Lattenzaun, Schindeln und American Pillar bilden eine klassische Kombination aus den USA zu Beginn dieses Jahrhunderts.

Glyzinien und Kletterrosen haben damit begonnen, diese Pergola in einem Hinterhof bei Tours neu einzukleiden.

Um noch einmal auf William Robinson zurückzukommen: Er hielt nicht viel von Rosenausstellungen und ihrem Nutzen. Er drückte Mißfallen darüber aus, daß »die Praktiken und Ansichten der Aussteller von Rosen . . . in höchst unglücklicher Weise die Vorstellungen der Gärtner beherrschen«, was dazu führe, daß man »den Preisgewinner als Vorbild nimmt«. Robinson war der Ansicht, daß die Rosen, die sich auf Ausstellungstischen am besten ausnahmen, sich für die von ihm favorisierten Mischgärten nur selten eigneten. Andererseits bewirkten die Wettbewerbe, daß gute Gartenrosen oft übersehen wurden. Als jemand, der nie eine Rose oder eine andere Blume zu einer Ausstellung gebracht hat und dies auch weiterhin nicht vorhat, verstehe ich Robinsons Ansicht. Aber ich kann ihm nicht zustimmen, weil ich auch hier der Meinung bin, daß jede gärtnerische Passion meinen Respekt verdient, auch wenn ich diese Passion nicht teile.

Der Wunsch, zu gewinnen, äußert sich auf vielen Gebieten, und manche davon sind, wie etwa die Zucht von Rennpferden, wenigen Privilegierten

In dieser französischen Kleingartenanlage bilden Rosen farbig und eigenwillig den funktionalen Gartenzaun nach.

vorbehalten. Rosen dagegen sind bemerkenswert demokratische und für jeden erreichbare Blumen, und das Streben nach der Anerkennung, die schönste Rose der Ausstellung gezüchtet zu haben, steht jedermann offen. Rosen sind relativ preiswerte Pflanzen; man benötigt kein Treibhaus, um sie zu züchten, wie das beispielsweise bei Orchideen der Fall ist. Und da Rosen sich ungeschlechtlich vermehren, ist wirklich jedes Exemplar einer Teehybride wie der Tropicana oder der Royal Velvet genetisch identisch mit den anderen, ob die Rose nun im Garten eines großen Anwesens wächst oder hinter einem bescheidenen Haus. Wenn dennoch eine einzelne Blume alle anderen auf dem Ausstellungstisch übertrifft, liegt das einzig und allein an der Pflege, die sie erhielt und an der liebevollen Fürsorge, mit der sie überhäuft wurde.

Aber es gibt auch andere Gärten, die ausschließlich der Rose geweiht sind, deren Zweck jedoch nicht die Züchtung von Teehybriden zu Ausstellungszwecken ist. Diese Gärten würdigen die Rose in all ihren Formen, besonders im Früh-

Albertine, *eine stark duftende Rankrosenart, begrüßt in Tours den Gärtner an seiner Parzelle.*

sommer, wenn fast alle Rosen gleichzeitig in verschwenderischer Fülle blühen. Das sind die großen Rosengärten der Welt, und meist handelt es sich dabei um Stadtparks oder öffentliche Anlagen: Man findet sie beispielsweise in Rapperswil in der Schweiz, in Zweibrücken, in Portland, Oregon, oder in St. Albans in England.

Der vielleicht schönste unter ihnen ist La Roseraie de l'Hay-les-Roses direkt südlich von Paris. Mit einer Fläche von elf Hektar, von denen zwei Hektar ausschließlich Rosen – einschließlich Teehybriden – vorbehalten sind, vermittelt dieser Garten einen ungewöhnlichen Gesamteindruck, weil er in direktem Vergleich mit anderen Rosenarten die Grenzen der Teehybriden aufzeigt. Teehybriden sind im Grunde Blumenfabriken, die über eine lange Saison hin Blüten in vielen Farben produzieren, die sich sehr gut als Schnittblumen eignen. Bis auf ein paar Kletterarten werden ihre Sträucher kaum höher als einen Meter und behalten durch die jährliche Beschneidung ihre geduckte, erdverhaftete und uninteressante Gestalt.

Aber in der Roseraie de l'Hay erfreut eine Vielzahl überschwenglich wuchernder Rosen das Auge. Sie wachsen an Pfeilern und klettern über Spaliere, Laubengänge und Pergolas. Sie bedecken Reihen von Bögen über Gehwegen und lassen so Tunnel entstehen, in denen man mitten durch süßduftende Rosen spazieren kann ohne sich an Dornen zu stechen. Die großen Kletter- und Rankrosen streben gen Himmel, um dann in einer Blütenkaskade herabzustürzen – es sind vor allem zwei üppige Arten: die Rankrose Paul's Himalayan Musk, deren anmutige Büschel von blaßrosa Blüten sich auf ihren Stengeln ca. 10 m weit ausbreiten, und Kiftsgate, eine weiße Rose, die sogar noch größer werden kann. Beide Sorten wachsen auch auf Bäumen.

Große Strauchrosen breiten sich aus, und wo sie sind, da nehmen sie den Raum vollkommen in Beschlag. Sie wachsen in diesem Garten zu so auffälligen Erscheinungen heran, daß die Teehybriden neben ihnen fast zu Teegebäck degradiert werden.

Sogar sorgfältig gestutzt, mit eingebundenen Seitentrieben und noch vor der ersten Belaubung im Frühjahr zeigt diese Rose eine eigene, verschlungene Schönheit.

Rosen und ihre Namen

Die Arten der Rosen sind sehr zahlreich, und es fällt den Botanikern schwer, mit Genauigkeit zu bestimmen, welches eine Spezies und welches eine Varietät ist und ebenso, welches jeweils die Varietäten einer bestimmten Spezies sind. Deswegen sind Linné und einige andere bedeutende Autoren geneigt zu glauben, daß es nur eine wirkliche Spezies der Rose gibt, nämlich die Rosa canina *oder Hundsrose der Hecken . . .*

THOMAS MAWE UND JOHN ABERCROMBIE, *Universal Gardener and Botanist* (1778)

Bei der ersten Annäherung ist die Welt der Rosen eine Welt der Namen, und die Zahl der Namen ist verwirrend groß.

Das war nicht immer so. Mehrere Jahrtausende lang gab es in Westeuropa und im mittleren Osten nur einige wenige Rosen mit einigen wenigen – sehr ungenau festgelegten – Namen. Der römische Naturforscher Plinius der Ältere identifizierte in seiner *Naturalis Historia* weniger als zwanzig Rosenarten, von denen jede durch den Namen eines Ortes gekennzeichnet war, an dem sie wuchs – die Rose von Praeneste, die Rose von Kyrene, die Rose von Pangaeus usw.

Viele Jahrhunderte später schrieb der große englische Pflanzenkenner John Gerard in seinem gewaltigen Werk *The Herball or Generall History of Plants* (erschienen 1597): »Es gibt viele Arten von Rosen, und sie unterscheiden sich entweder in der Größe der Blüten oder in der Größe der Pflanzen selbst, in ihrer Rauhheit oder Sanftheit, in der Menge der Blüten oder auch in der Farbe und im Geruch: verschiedene sind groß und hoch, andere klein und niedrig, einige besitzen fünf Blätter, andere wiederum sehr viele. . . . Doch nicht genug, einige sind rot, andere weiß, und viele unter ihnen, oder alle, duften süßlich, besonders die des Gartens.« Aber Gerards Abhandlung über Rosen nimmt gerade einmal zwölf von 1630 Buchseiten ein, und er nennt achtzehn Arten, wobei die *Rosa alba*, die weiße Rose, an erster Stelle steht. Nur wenige der von ihm verwendeten Namen sind als Namen einer Spezies wissenschaftlich haltbar, da Gerard

Der Charme langstieliger Gewächshausrosen belebt diesen Straßenmarkt. VORHERGEHENDE SEITE: *Die Rosenarten und ihre Primärhybriden besitzen im allgemeinen zusammengesetzte Blätter mit sieben Einzelblättchen (moderne Buschrosen haben nur fünf), ein Hinweis auf die Einfachheit der Natur inmitten einer prachtvollen Umgebung.* SEITE 72: *Die berühmte, öfterblühende Teehybride Mme. Alfred Carrière, die 1879 der Öffentlichkeit vorgestellt wurde, blüht lange und wohlriechend.*

sein Werk veröffentlichte, bevor der schwedische Botaniker Carl von Linné sein System einer binären Nomenklatur von Gattungen und Arten entwarf, mit dem sich die Tier- und Pflanzenwelt genauer einteilen und ordnen ließ. Bis zum Ende des 18. Jahrhunderts mußten sich europäische Gärtner und Botaniker nur mit einer relativ bescheidenen Anzahl von Spezies befassen, da vom Mittelmeerraum bis Nordeuropa insgesamt nur rund dreißig Arten heimisch waren.

Außerdem handelte es sich bei diesen Arten nicht um Arten im botanischen Sinn, nach dem Pflanzen bestimmte Charakteristika miteinander teilen und aus einem Samen stammen müssen, wenn eine Pflanze einer vorgegebenen Art mit einer anderen derselben Art gekreuzt wird. Arten entstehen oder entwickeln sich nach dem Prinzip der natürlichen Auslese und vor allem durch die Anpassung an die Bedingungen ihrer natürlichen Umgebung. Aber Gärten bieten eine künstlich geschaffene, keine natürliche Umgebung. In einem Garten verändern die Pflanzen ihre Eigenschaften als Reaktion auf die Maßnahmen

Ein ehrwürdiger, schwerer Zweig, dessen Blühen durch Ausputzen der welken Blüten weiter angeregt wird.

des Gärtners, die unbeabsichtigt oder bewußt durchgeführt werden. Beispielsweise kann der Löwenzahn – ein hübsches, aber lästiges Frühlingsunkraut – unter natürlichen Bedingungen zwischen 20 und 35 cm Höhe erreichen, je nach Zusammensetzung und Feuchtigkeit des Bodens. Aber die wirkliche Spanne der Stielhöhe ist noch größer, da der Löwenzahn rezessive Erbmerkmale für Zwergwuchs besitzt. Durch sie kann man mittels Züchtung Pflanzen erhalten, die auf kurzen Stengeln gerade 2–5 cm über dem Boden blühen. Mäht man einen Rasen regelmäßig und hält ihn kurz, können diejenigen Löwenzahnpflanzen, bei denen die Gene für hohen Wuchs dominieren, keinen Samen produzieren, wohl aber die mit den Zwerggenen. Der Effekt ist, daß der Gärtner weiter über den Löwenzahn flucht, der seinen Rasen verunstaltet, nur flucht er jetzt über eine kurze Sorte, die sich wunderbar auf das Überleben in einer Umgebung eingestellt hat, in der scharfe Stahlklingen oft und regelmäßig alles über einer gewissen Höhe abmähen.

Gallica-Strauchrosen hüllen diese geschützte Sitzecke in einem Garten in North Carolina in Duft und Schönheit.

Die Entwicklung von Gartenrosen findet auf völlig andere Art statt, nämlich als Reaktion auf den Willen, den Geschmack und die Vorlieben von Gärtnern. Wie bei jeder Pflanze existieren auch bei jeder natürlichen Rosenart Unterschiede innerhalb der Art. Dabei kann es sich um drastische Mutationen handeln: Eine Rose mit weißen Blüten produziert einen Stiel mit roten oder rosa Blüten; ein nahezu dornenloser Stengel wächst an einem ansonsten sehr dornigen Strauch; ein niedriger Strauch bringt eine einzelne lange Ranke hervor; eine einfach blühende Rose entwickelt gefüllte Blüten. Solche Mutationen können entweder über den Samen auf die Abkömmlinge vererbt werden oder sie werden durch ungeschlechtliche Fortpflanzung weitergegeben, wenn Stecklinge neu eingepflanzt werden.

Mutationen sind ein besonders wichtiger Aspekt bei der Entstehung neuer Rosenarten. Das liegt zum einen daran, daß sich durch die große Zahl von Rosen die Möglichkeiten verbessert haben, Mutationen zu entdecken. Zum andern besitzen einige Rosenarten eine ausgeprägte Veranlagung zur Mutation. Die Kulturrasse Mme. Edouard Herriot wurde 1913 vorgestellt und hatte bis 1933 neunzehn verschiedene Mutationen hervorgebracht, die alle für wert gehalten wurden, benannt und verbreitet zu werden. Desweiteren verändern sich Rosen auch durch Zufallskreuzung, wenn die Blütenpollen einer Art von einem Insekt auf eine andere Art übertragen werden und so Samen gemischter Herkunft entstehen. Wir Gärtner sind aufmerksame Wesen und stets interessiert an Neuem, das wir sofort aufgreifen und für die Nachwelt bewahren.

Eine Faustregel im Gartenbau lautet: Je länger die Geschichte einer Zierpflanze zurückreicht, desto mehr Varietäten gibt es von ihr. Die Geschichte der Rosen reicht zurück bis in die Antike, und diejenigen Arten, die schon seit Jahrhunderten – oder Jahrtausenden – im mittleren Osten und in Europa wachsen, können beim besten Willen nicht mehr als einfach bezeichnet werden, auch wenn sie einen scheinbar eindeutigen wissenschaftlichen Namen besitzen. Drei Beispiele europäischer Rosen können das hinreichend zeigen.

Eine in Europa weitverbreitete Rose wurde von Linné *Rosa gallica* genannt – die französische oder gallische Rose. Aber er täuschte sich, was ihre angeblich

Die Frische eines Frühsommerschauers auf einer Albertine, einer Wichuraiana-Rankrose, die 1921 gezüchtet wurde.

französische Herkunft betraf, denn der ursprüngliche Lebensraum dieser Rose dürfte in Osteuropa oder Kleinasien gewesen sein. Außerdem hatte sich diese Rosenart lange vor Linné in verschiedenen Ausprägungen weiterentwickelt, mit deutlichen Unterschieden im Duft, im Wachstum, in den Farben und der Anzahl der Blütenblätter.

Bei der sogenannten Damaszener-Rose, die manchmal als *Rosa damascena* aufgeführt wird, folge ich dem Urteil der Experten, die darauf bestehen, daß es diese Rose in zwei Formen gibt (die jeweils eine Vielzahl an Variationen haben). Die sommerblühende und die herbstblühende Form werden als zwei Hybriden bezeichnet, nicht als eigenständige Arten. Die sommerblühende Form heißt *Rosa x damascena* und ist vermutlich eine Hybride aus *Rosa gallica* und *Rosa phoenica*; die herbstblühende Damaszener-Rose ist wahrscheinlich eine Kreuzung aus *Rosa gallica* und *Rosa moschata.* Bei der dritten Rose, der *Rosa centifolia* oder Kohl-Rose, die von den niederländischen Malern des 17. und 18. Jahrhunderts so geliebt wurde, geht man heute davon aus, daß sie von der *gallica* abstammt.

OBEN: *Während Kulturrassen durch Züchtung und Selektion Dutzende von Blütenblättern haben können, besitzen echte Wildrosen nur fünf.* GEGENÜBER: *Eine Rosenlaube, ein Buch und Sonnenlicht: der ideale Ruheplatz.* FOLGENDE DOPPELSEITE: *Diese Ziegelmauer in Penshurst Place, Kent, kaschiert ihr Alter mit Rosen.*

All das klingt sehr kompliziert, ist aber relativ einfach, verglichen mit dem, was gegen Ende des 18. und zu Beginn des 19. Jahrhunderts in Europa und Amerika geschah, als innerhalb weniger Jahre »die vier Ahnen« aus China in England eintrafen. Diese später so genannten Rosen wurden von Kaufleuten der Ostindischen Kompanie importiert; es handelte sich dabei um Gartenpflanzen aus chinesischer Zucht, nicht um wildgewachsene Arten. Die erste der vier, 1792 eingeführt, hieß Slater's Crimson China, benannt nach Gilbert Slater, einem Angehörigen der Kompanie. Bei dieser Rose handelte es sich möglicherweise um eine Varietät oder Zuchtform der *Rosa chinensis*; die anderen drei waren wahrscheinlich Kreuzungen zwischen *Rosa chinensis* und *Rosa gigantea*, die beide aus China kommen. Die zweite der vier hieß Parsons' Pink China, benannt nach einem der ersten Rosenliebhaber, der sie vor 1795 in England züchtete. Die dritte Rose war Hume's Blush Tea-Scented China, vorgestellt 1809, die einen der exquisitesten Düfte der Gattung *Rosa* besitzt. Und das letzte Exemplar dieses Quartetts von Zuchtrosen hieß Park's Yellow Tea-Scented China und wurde im Jahre 1824 von der Royal Horticultural Society ange-

Schon ein Foto dieser traditionellen Teehybride in Sissinghurst läßt erahnen, welche Leidenschaft sie bei ihren Verehrern entfacht.

pflanzt. Diese chinesischen Importe kreuzte man untereinander sowie mit den führenden europäischen Gartenrosen – verschiedenen Formen der *damascena* und der *gallica* – und revolutionierte damit die Rosenwelt, denn die chinesischen Arten brachten Gene bislang unbekannter Eigenschaften mit: sie blühten mehrfach, hatten satte Farben einschließlich intensiver Rosa- und Gelbtöne und besaßen reizvolle Blätter.

Dadurch kam es im frühen 19. Jahrhundert zu einer regelrechten Explosion der Rosenarten. Zu dieser Zeit zeigte ganz Europa ein enormes Interesse an neuen Pflanzen, seien es exotische Arten, die von Händlern, Diplomaten oder Naturforschern in Asien oder anderen Teilen der Welt mit reicher Flora gesammelt wurden, oder aber neue kultivierte Varietäten, die als Ergebnis gezielter Züchtung entstanden – und damit die zufälligen Kreuzungen ergänzten, die in einem Garten immer möglich sind.

Darwin veröffentlichte seine Evolutionstheorie, nach der die Tier- und Pflanzenarten keineswegs unveränderlich und beständig sind, sondern neu entstehen oder aussterben können, nicht vor 1859. Der österreichische Mönch

Die heilige Elisabeth setzte sich über ein Verbot hinweg und brachte den Armen Brot. Als sie entdeckt wurde, behauptete sie, nur Rosen in ihrer Schürze zu tragen und siehe da, es waren Rosen. FOLGENDE DOPPELSEITE: *Eine Fülle von Kletterrosen, altmodische englische Rosen und echte Katzenminze in einem Garten in Kent.*

Gregor Mendel hatte noch nicht aus der Kreuzung von Erbsen die Gesetze der Genetik abgeleitet – sie wurden sowieso erst im frühen 20. Jahrhundert, lange nach seinem Tod, bekannt. Aber man wußte bereits, daß die Befruchtung einer Art oder einer kultivierten Sorte mit den Pollen einer anderen Art derselben Pflanzengattung Abkömmlinge hervorbringen konnte, die keinem Elternteil genau gleich waren. Rosen gehörten zu den ersten bedeutenden Zierpflanzen, an denen solche Zauberei praktiziert wurde, und diese amateurhaften Experimente veränderten das Verhältnis der menschlichen Rasse zu den von ihr gezogenen Pflanzen in riesigem Maß. Es war nicht länger die »Natur oder der Gott der Natur«, um mit Thomas Jefferson zu sprechen, denen wir die Vielfalt unseres Gartens verdankten. Jetzt hatten wir selbst die Hand im Spiel.

Die wichtigste Rolle in der Zeit der »Rosenexplosion« nach der Ankunft der vier Ahnen in Europa spielte Kaiserin Joséphine, deren Vornamen Marie-Josèphe Rose lauteten und die man Rose nannte, bis sie 1804 von ihrem Mann

Im Parc Floral d'Apremont betont eine sternförmige Clematis die runde Form der Rose.

Napoleon I. gekrönt wurde. Niemals zuvor hatte sich jemand so stark für das Anpflanzen von Rosen und für die Entwicklung neuer Rosenarten eingesetzt, und bis heute ist sie in diesem Punkt unerreicht. Gegen Ende des 18. Jahrhunderts erwarben sie und Napoleon Malmaison, und kurz danach wurde Joséphine von einer Leidenschaft zu Rosen ergriffen, die zu den größten botanischen Liebesaffären aller Zeiten zu zählen ist. Sie ließ aus englischen Zuchtgärten verschiedene chinesische Rosen kommen, die die genetischen Anlagen für längere oder mehrfache Blütezeiten besaßen. Und obwohl England und Frankreich miteinander Krieg führten und obwohl die englische Flotte die ganze französische Küste blockierte, war es für Joséphine eine Zeit des »Friedens der Rosen«: dem irischen Züchter John Kennedy wurde die uneingeschränkte Reisefreiheit über den Kanal gewährt, damit er große Stückzahlen seiner Rosen nach Malmaison liefern konnte. Im Jahr 1814 zählte Joséphines Rosensammlung 242 kultivierte Varietäten jeden Typs – Gallicas, Moschusrosen, Damas-

Die Albertine besitzt für eine Hybride der Rosa Wichuraiana *überraschend große Blüten, und sie bietet Jahr für Jahr einen bezaubernden Anblick.*

zenerrosen und alle anderen – sowie mindestens elf Spezies, die zum Teil erst kurz zuvor im Orient entdeckt worden waren. (Nachdem Napoleons Ehe mit Joséphine aufgelöst worden war, wurde seiner neuen Kaiserin, Marie Louise von Österreich, eine Rose gewidmet, ebenso wie Napoleon selbst – letztere Sorte wurde von britischen Züchtern allerdings in Madness of Corsica, der Wahnsinn von Korsika, umgetauft. Joséphine erhielt ihre Rose ungerechterweise erst posthum, drei Jahrzehnte nach ihrem Tod, mit L'Imperatrice Joséphine.)

Man kann den Einfluß, den Kaiserin Joséphine auf die Züchtung neuer französischer Rosensorten ausübte – und der auf den genetischen Schätzen aus ihrer Sammlung in Malmaison beruhte – erst dann ermessen, wenn man die Zahlen in den Katalogen zweier bedeutender französischer Züchtereien vergleicht. 1791 bot der eine Katalog 25 Rosensorten an, 1829 führte die andere

Golden Wings ist eine beliebte Parkrose, da sie schon früh im Jahr blüht und bis zum Herbst süß duftet.

Gärtnerei bereits schwindelerregende 2 562 Sorten. Das bedeutet einen mehr als hundertfachen Zuwachs in gerade einmal 38 Jahren. Aber diese häufig zitierten Zahlen bedürfen einer Erläuterung: Die weitaus meisten dieser Rosen sind heute ausgestorben; allein die Erwähnung in solchen Zuchtkatalogen bewahrte sie vor der völligen Vergessenheit. Die plötzliche Flut neuer Rosen in der Mitte des 19. Jahrhunderts spiegelt lediglich die allgemeine Begeisterung des Publikums für botanische Neuheiten sowie die Bereitschaft der Züchter, dieser Begeisterung entgegenzukommen. Der Gedanke, neue Rosen sorgfältig zu testen und mittelmäßige und schwache Sorten auszumerzen, anstatt sie zu benennen und auf den Markt zu bringen, war noch nicht geboren.

Malmaison verfiel bald nach Joséphines Tod 1814 – eins von vielen traurigen Beispielen für Gärten, die ihre Schöpfer und Pfleger nicht lange überlebten. Aber Joséphines Haus und ihr Rosengarten wurden zu Anfang dieses Jahrhun-

Die Teehybride Brandy erinnert in Farbe und Bukett an den erlesenen Reiz eines Armagnac oder Cognac. FOLGENDE DOPPELSEITE: *Die Floribunda-Rosen haben die sehr vollen Blüten und die lange Blütenperiode von verschiedenen Vorfahren; auf diesem Bild sieht man die Sorte Westerland in voller Blüte und Farbenpracht.*

derts restauriert und entwickelten sich zu einem Heiligtum für alle, die die Rosen lieben, die sie anbetete. Und selbst wenn man ihren Garten hätte verfallen und Geschichte werden lassen, so hätte Joséphines Leidenschaft für Rosen in den Bildern *Les Roses* von Pierre Joseph Redouté überlebt, die zwischen 1817 und 1824 als Drucke veröffentlicht wurden. Zu dieser Zeit war Joséphines Rosensammlung bereits zu einem Großteil verschwunden oder verwüstet worden, aber Redouté hatte viele der Pflanzen gemalt, die die Kaiserin seit 1803 gezüchtet hatte, und ihr Einfluß spricht aus all seinen späteren Gemälden und Lithographien.

Zu dieser Zeit wurden nicht nur neue Rosensorten geschaffen, sondern auch gänzlich neue Rosenarten. Beispielsweise entstand die Bourbon-Rose – die weder nach dem französischen Königshaus noch nach dem amerikanischen Whiskey, sondern nach der Île de Bourbon im Indischen Ozean benannt wurde – aus einer Zufallskreuzung der Parson's Pink China mit der herbstblühenden Damaszener-Rose aus Südosteuropa. Diese Hybride kam nach Paris, wo

OBEN: *In diesem Garten in Maine wurde eine Kletterrose okuliert; die so entstandene Kaskaden-Rose bildet einen einmaligen Blickfang.* GEGENÜBER: *Selbst die allmählich welkenden Blüten erfreuen noch die Sinne.*

OBEN: *Die Grundstruktur der akkuraten Rosengärten der Bagatelle in Paris besteht aus geometrischen Formen, deren horizontale und vertikale Linien von den Rosen belebt werden.* GEGENÜBER: *Verborgen in einem Schrein aus roten Kletterrosen wacht eine kleine Statue über den Garten.*

die Züchter emsig damit begannen, mit der neuen Rosenart weiter herumzuexperimentieren. Dabei entstanden solch individuell benannte Varietäten wie die Souvenir de la Malmaison und Mme. Pierre Oger, die beide auch heute noch gezüchtet werden.

Eine andere neue Rosenart des 19. Jahrhunderts stammt aus Charleston in South Carolina, wo ein Plantagenbesitzer namens John Champney (manchmal auch Champneys geschrieben) die Parson's Pink China mit einer *Rosa moschata* kreuzte, einer Art, die im frühen 16. Jahrhundert aus Spanien nach England gekommen war. Champney gab die daraus entstandene Hybride namens Champney's Pink Cluster an Philippe Noisette weiter, der wiederum Samen davon an seinen Bruder Louis in Paris schickte. Louis Noisette zog daraus weitere Kreuzungen und entwickelte eine ganze Gruppe kräftiger, öfterblühender Kletterrosen, die als Noisette-Rosen bekannt wurden. Einige von ihnen, wie die Blush Noisette, die Claire Jacquier und die Mme. Alfred Carrière, werden

An der Mottisfont Abbey in Hampshire blüht die Complicata in Hülle und Fülle. Man findet sie dort als Strauch-, Kletter- und sogar als Heckenrose.

heute noch gezüchtet und geschätzt. Eine in den Südstaaten der USA besonders beliebte Noisette-Rose (die aufgrund ihrer Zartheit nicht viel weiter nördlich als Richmond, Virginia, wachsen könnte) ist die Maréchal Niel. Sie ist von einem satten Dunkelgelb und besitzt elegante, spitzzulaufende Knospen sowie einen berauschenden Duft, der als erdbeerähnlich beschrieben wird.

An dieser Stelle ist nicht genügend Raum, um die Entwicklung der Rose im 19. Jahrhundert weiter zu verfolgen, und es ist auch nicht nötig, denn Gelehrte wie Allen Paterson oder Gerd Krüssmann haben diese Geschichte bereits mit großer Genauigkeit nacherzählt. Vielleicht reicht es, hier zu sagen, daß gegen Ende des 18. Jahrhunderts die meisten der in Europa gezogenen Rosen zu den Gallica-Rosen, den Zentifolien oder den Damaszener-Rosen gehörten, wobei es gewisse Überschneidungen zwischen den einzelnen Gruppen gab. Seit 1869 hatten Rosenliebhaber nicht nur die Wahl zwischen Bourbon-Rosen und Noisette-Rosen, sondern konnten auch auf Portland-Rosen, Ayrshire-Rosen,

Lawrence Johnston, eine Hybride der Rosa foetida persiana, ist eine sehr gute Kletterrose, die früh im Jahr blüht. Sie erhielt ihren Namen vom Schöpfer des Gartens von Hidcote Manor.

Moschata-Hybriden, Remontantrosen, Teerosen, Teehybriden und andere Arten zurückgreifen. Weitere asiatische Spezies wie *Rosa multiflora, Rosa wichuraiana* und *Rosa rugosa* kamen nach Europa und erweiterten den Genbestand, so daß sich die schon verwirrend große Zahl der Rosen noch vervielfachte. Aus ihnen gingen wiederum neue Klassen hybridisierter Rosen hervor: die Multifloras, die Wichuraianas und die Rugosas.

Wenn man in einem Rosenkatalog des 19. Jahrhunderts blättert, fällt einem sofort die Vielfalt der Pflanzen und ihre ordentliche Einteilung in Gruppen angenehm auf. Hier stehen die Gallicas, dort die Noisettes, da die Damaszener-Rosen usw., und unter jeder Überschrift findet man viele verschiedene Kulturpflanzen. Aber schon 1847, als die Zahl der Rosenarten in jeder Kategorie noch stark zunahm, wurde Kritik an der Nützlichkeit dieses Klassifizierungssystems laut. In diesem Jahr konstatierte der Amerikaner Samuel B. Parsons, daß es »häufig schwer fällt, zu bestimmen, ob eine Rose eine Damaszener, eine Zentifolie oder eine Chinahybride ist; aber es gibt keine Schwierigkeiten, herauszufinden, ob es sich um eine Zwerg- oder Kletterrose handelt, ob sie ein- oder mehrmals pro Jahr blüht und ob ihre Blätter rauh . . . oder weich sind.« Parsons schlug ein sehr viel einfacheres System aus drei Klassen vor:

I. Rosen, die im Lauf einer Saison mehrere, voneinander getrennte Blütezeiten haben, wie die Remontantrosen.
II. Rosen, die ständig, ohne zeitweilige Unterbrechung blühen, wie die Bourbon- oder die Chinarosen.
III. Rosen, die im Lauf einer Saison nur einmal blühen, wie die Gallica und andere.

Parsons konnte sich an sein System halten, da er in Flushing im Staat New York eine berühmte Rosenzucht besaß, die mehr als 3 000 Rosensorten anbot. Sein Züchterkollege Joseph Breck aus Boston beklagte sich in seinem Buch *The Flower Garden* (1851) ebenfalls darüber, daß »es auf dem Gebiet der Klassifikation von Rosen große Schwierigkeiten und Verwirrung gibt«. Aber

Nur wilde Rosen lassen sich aus Samen züchten, und man findet den Samen einer bestäubten Rose in den fleischigen Hagebutten. FOLGENDE DOPPELSEITE: *Die* Rosa rugosa *stammt von den sandigen Küsten Japans. Sie ist mittlerweile auf ähnlichen Böden überall in der gemäßigten Zone heimisch, wie hier an der Ostküste der Vereinigten Staaten.*

das alte System blieb bestehen: Gallicas, Damaszener, Noisettes und all die anderen. Auch in jüngerer Zeit finden sich kritische Stimmen. In der fünfzehnten Auflage (1933) seines einflußreichen Buchs *The English Flower Garden* schrieb William Robinson: »Die versuchte Einteilung der Rosen in Teerosen, Teehybriden usw. ist verwirrend und nicht vernünftig, da es sich bei all diesen Rosen um Hybriden handelt.« Er schlug vor, daß Züchterkataloge einfach eine alphabetische Liste bewährter Rosensorten enthalten sollten, »ohne den sinnlosen Versuch einer Klassifizierung zu unternehmen«. Robinson leistete sogar Abbitte dafür, daß er in den ersten vierzehn Auflagen seines Buchs selbst so eine Klassifizierung verwendet hatte, »wodurch unendlicher Schaden entstand, weil der Leser mit einer Vielzahl von Spezies verwirrt wurde.«

Seit Robinsons Zeiten sind weitere Versuche einer neuen botanischen Klassifizierung für Rosen vorgeschlagen worden. Eine vernünftige Einteilung beginnt mit der Aufteilung der Sorten in: (a) moderne Gartenrosen, gezüchtet

Solche Fülle läßt sich mit intensiv kultivierten modernen Rosen erreichen; nach dieser Blüte werden weitere, wenn auch weniger intensive, folgen.

nach 1867 (als La France – die erste Teehybride – entstand, die den Publikumsgeschmack von den reichgefüllten Rosen der Vergangenheit wegleitete, hin zu langen, spitzen Knospen und weniger üppigen Blüten), (b) alte Gartenrosen (gezüchtet vor 1867) und (c) wilde Rosen oder Rosenarten. Jede Klasse wird weiter unterteilt in nichtkletternde und Kletterrosen und diese Unterklassen wiederum in einmalblühende und öfterblühende Pflanzen.

Parsons Vorschlag war vernünftig, ebenso wie Robinsons Vorstellungen und die zuletzt beschriebene klare und sinnvolle Einteilung. Aber die alten Kategorien bleiben bestehen. Einige Klassen, wie beispielsweise die Pernetiana-Rosen, sind aus den Katalogen verschwunden, aber die Albas, die Damaszener, die Gallicas und andere sind uns erhalten geblieben. Doch die alte Einteilung besitzt eher poetischen Wert: Shakespeares Werke mit ihren Damaszener-Rosen, Moschusrosen und Eglantinen würden vom Rationalismus und gesunden Menschenverstand eines Parsons oder Robinson verhunzt werden, die eine

Dieses von Rankrosen umflutete Haus könnte aus einem Märchen stammen.

echte Ordnung anstreben und nicht an Einteilungen ohne Unterschiede glauben, auch wenn sie noch so nett klingen.

In diesem Punkt stimme ich nicht mit den Poeten, sondern mit den Realisten überein. Denn wenn ich eine ganz bestimmte Rose suche und finde sie in einem Katalog als *Rosa damascena*, in einem anderen als *Rosa alba* und in einem dritten als *Rosa gallica* beschrieben, dann ist das genauso verwirrend, als würden mir verschiedene Autohändler denselben Wagen jeweils als Toyota, Rolls-Royce und Opel vorstellen.

Der Name einer natürlichen Rosenart wird kursiv geschrieben und ist lateinisch, unabhängig davon, ob nebenbei noch ein volkstümlicher Name existiert und ob der Name eine Person ehrt, auf ein Wachstumsgebiet hinweist oder eine besondere Eigenschaft der Rose hervorhebt. Hybriden, ausgesuchte Varietäten oder Formen sowie andere Rosen, deren Ursprung auf eine Züchtung zurückzuführen sind, werden im allgemeinen als *Kulturrassen* bezeichnet. Es handelt sich bei diesen Pflanzen nämlich um kultivierte Varietäten im Gegensatz zu den botanischen Varietäten, die Unterarten innerhalb einer Art darstellen und nicht

Rosen in Orangetönen waren in den fünfziger Jahren sehr beliebt, heute sind es besonders die malvenfarbenen. Eine Mischung aus beiden erfreut selbst das abgestumpfteste Herz.

genügend ausgeprägt sind, um als eigene Art gelten zu können. Kulturrassen erhalten keinen lateinischen Namen, sondern werden in der jeweiligen Landessprache von ihren Züchtern benannt oder von Leuten aus der Gartenbranche, die hoffen, daß der neue Name einem Kunden sagt: »Kauf mich.« Diese *Phantasienamen*, die manchmal auch (reichlich seltsam) als *Vornamen* bezeichnet werden, dienen in der Hauptsache dazu, eine Rose im Garten oder im Katalog von einer anderen zu unterscheiden. Aber sie sind auch Teil einer Verkaufsstrategie und sollen mit ihrem Namen potentielle Käufer überzeugen.

Meiner Schätzung nach dürfte die Zahl der seit Anfang des 19. Jahrhunderts gezüchteten und benannten Hybridrosen bei weit über 30 000 liegen. (Einigermaßen verläßliche Werte gibt es, seit 1899 die American Rose Society gegründet wurde, die über die bei ihr registrierten Kulturrassen Buch führt.) Natürlich sind viele dieser Rosen schon lange wieder verschwunden, aber es existieren immer noch Tausende von Sorten, von denen man Hunderte bei speziellen Versandzüchtereien kaufen kann. Die Zahl derjenigen Rosen, die gezüchtet und wieder zerstört wurden, weil ihre erste Blüte nicht vielversprechend genug erschien, ist astronomisch hoch.

Obwohl die Dorothy Perkins eigentlich eine kräftige Rankrose ist, findet man dieses robuste Exemplar bodendeckend zwischen Gräsern.

Ich liebe es, in Listen und Katalogen zu blättern und mir nur die Namen der Rosen anzusehen. Einige klingen in ihrer Muttersprache wunderbar musikalisch und poetisch. Félicité et Perpétue, Maiden's Blush, Frühlingsmorgen – wer möchte nicht sofort die Rose züchten, die einen solchen Namen trägt?

Seit Anfang des 19. Jahrhunderts ist die Namensgebung verschiedenen Moderichtungen gefolgt, wobei französische Namen aus dem naheliegenden Grund immer überwogen, weil die französischen Züchtereien und Züchter – angefangen mit Jean-Paul Vibert zu Beginn der Periode der raschen Entwicklung – vor allen anderen einen Vorsprung hatten. Es dauerte zwar nicht lange, bis auch in England, Deutschland und Amerika Hybriden gezogen wurden, und auch in Neuseeland fanden bedeutende Kreuzungen statt. Dennoch spricht jedes Verzeichnis der im 19. und 20. Jahrhundert kultivierten Rosensorten einen deutlichen französischen Akzent.

Die prachtvolle Vielfalt von Formen und Farben in Monets Garten in Giverny wird durch vollendete Blüten wie diese Mme. Caroline Testout noch gesteigert.

Mit der Hybridisierung neuer Pflanzen, die ungeschlechtlich fortgepflanzt werden konnten, war der Mensch in der Lage, die natürliche Ordnung zu verändern und Pflanzen nach seinem Geschmack oder seiner Phantasie zu schaffen. Das bedeutete auch, daß jeder, der wollte, eine Pflanze ganz nach seiner Laune benennen konnte: um zu schmeicheln, wenn man glaubte schmeicheln zu müssen oder um zu ehren, wenn man ehren wollte.

Graf Lelieur, ein früher französischer Züchter, benannte eine seiner Kreationen nach sich selbst – Rose Lelieur. Dazu gehört mehr als nur ein wenig Hochmut, denn Bescheidenheit sollte es gebieten, daß ein Rosenzüchter nicht sich selbst, sondern andere ehrt. Sie sollte auch gebieten, daß jemand, der eine Rose nach sich benannt haben möchte, Zurückhaltung übt und lediglich hofft, daß ihm eine solche Ehre zuteil wird. König Ludwig XVIII. war nicht geneigt

Die kaum gefüllten Blüten der Floribunda-Rose Meg sind fast schon als einfache Blüten zu bezeichnen; ihre Farben reichen von Braungelb bis hin zu Aprikosen- und Pfirsichtönen. FOLGENDE DOPPELSEITE: *Die fremde Schönheit der fleischigen Blätter der Fetthenne in dieser Schale erzeugen zusammen mit der Üppigkeit der modernen Rosen eine ungewöhnliche Atmosphäre.*

zurückhaltend zu hoffen: 1814, als in Frankreich die Monarchie wiederhergestellt wurde, äußerte er die Ansicht, daß die vormalige Rose Lelieur in Rose du Roi umbenannt werden solle. Der Graf fügte sich, und die Rose du Roi war da. Allerdings nicht in England: Dort zog man dieselbe Rose als Lee's Crimson Perpetual.

Im allgemeinen hat eine Rose in jedem Land denselben Namen, aber das muß nicht immer so sein, wie die Verwandlung der französischen Königsrose in Lee's Rose zeigt. Zu Beginn des ersten Weltkriegs nahmen die Briten so großen Anstoß an offensichtlich deutschen Namen, daß aus der Familie der Battenbergs die Mountbattens wurden. Englische Züchter verkauften eine Rose, die ursprünglich Frau Karl Druschki hieß, nur noch als Snow Queen; die Franzosen folgten dem Beispiel und nannten sie Reine des Neiges, und in den Vereinigten Staaten wurde diese Rose zur White American Beauty. Die in den USA und England unter dem Namen Peace bekannte Rosensorte besitzt nicht weniger als

OBEN: *Morgensonne schimmert durch die Rosen in der Bagatelle im Bois de Boulogne.*
GEGENÜBER: *Während ihrer Blütezeit bietet die American Pillar einen wunderbaren Anblick, aber sie ist weder öfterblühend noch duftend.*

drei Pseudonyme: in Frankreich, wo sie gegen Ende der dreißiger Jahre hybridisiert wurde, heißt sie Mme. A. Meilland, in Italien nennt man sie Gioia und in Deutschland Gloria Dei.

Seit im frühen 19. Jahrhundert die Zahl der Rosensorten und damit auch die Zahl der Rosennamen dramatisch anstieg, erfolgte die Benennung nach deutlich erkennbaren Schemata. Eins der ersten bestand darin, Rosen nach Mitgliedern des französischen und englischen Adels zu benennen. Lady Fitzgerald und der Duc de Choiseul hatten beide eine Rose als Namensschwester, genau wie ein gewisser Comte de Chambord und der Prince Camille de Rohan. Auch nach Königin Elizabeth und Prinzessin Margaret von England wurden Rosen benannt – wobei die Pflanzen bemerkenswerterweise von völlig verschiedenen Eltern abstammen. Auch der Herzog von Windsor besitzt seine eigene Rose, aber kein englischer, sondern ein deutscher Züchter erwies ihm diese Ehre.

Eine zweite Gruppe von Rosen ist Städten gewidmet. Gruß an Aachen ist eine blaßrosa Sorte, die 1909 vorgestellt wurde und auch heute noch in Europa und den Vereinigten Staaten sehr geschätzt wird. Deutsche Züchter sandten solche »Grüße« auch an die Städte Berlin, Coburg und Teplitz; ebenso benannten sie Rosen nach Kassel und Dortmund, aber in beiden Fällen ohne Gruß. In Frankreich besitzt die Stadt Dijon ihre Gloire de Dijon, passend zum Senf, obwohl die Blüte eher von einem sanften Rosa mit nur einem Hauch Gelb ist. Auch zu Ehren verschiedener englischer Städte benannte man Rosen: City of York, City of Norwich und City of Leeds.

Eine weitere Gruppe ehrt mit ihren Namen prominente Persönlichkeiten aus der Welt der Rosen. Die vor kurzem gezüchtete Graham Thomas ist nach dem bekanntesten englischen Rosenexperten der Gegenwart benannt. Sam McGredy, aus der vierten Generation einer bekannten nordirischen Züchterfamilie, der heute in Neuseeland lebt und arbeitet, gab zwei seiner Lieblingszüchtungen die Familiennamen Paddy McGredy und Molly McGredy.

Auch politische Führer – und ihre Gattinnen – werden häufig geehrt. So gab Abraham Lincoln sowohl der Honest Abe als auch der Mr. Lincoln seinen Namen. 1930 wurde Herbert Hoover auf die gleiche Weise geehrt, gerade als die

Obwohl die meisten Schnittrosen aus dem Laden nicht richtig duften, ist ein Strauß von ihnen in seiner klassischen Schlichtheit ein ästhetisches Erlebnis.

Zeit der Depression begann. Man benannte eine Rose nach Konrad Adenauer und eine andere nach Reichspräsident von Hindenburg. Lady Bird Johnson besaß ihre eigene Rosensorte, ebenso wie Pat Nixon und Rosalynn Carter. Als Nancy Reagans Ehemann noch Gouverneur von Kalifornien war und noch nicht im Weißen Haus, wurde schon die First Lady Nancy nach ihr benannt. Nach John F. Kennedy benannte man eine Rose zwei Jahre nach seinem Tode; Benjamin Franklin mußte länger darauf warten, bis zum Jahr 1969.

Manchmal gewährt der Name einer Rose einen Blick auf die soziale Situation der jeweiligen Zeit. Der Name kann sehr bewußt überlegt und sehr pfiffig sein oder aber einen unbewußten Ausdruck des Zeitgeistes widerspiegeln – in jedem Fall gewährt er Aufschluß über unser Wesen. Die Rosensorte Better Times stammt aus dem Jahr 1934 und verkörpert ein Stück Hoffnung inmitten bitterer wirtschaftlicher Zustände. Radar (1952) ruft uns die Träume der Nachkriegszeit vor Augen, die ein besseres Leben in der wundervollen Welt der Elektronik versprachen, das uns die moderne Technik sicherlich ermöglichen würde. Die im selben Jahr eingeführte Chrysler Imperial erinnert uns an unsere damalige Liebe zu Benzinsäufern mit Heckflossen und an unsere Blindheit gegenüber dem Umstand, daß Öl eine endliche Energiequelle ist. Auch Indy 500, benannt nach dem Autorennen von Indianapolis, zeugt von unserer Faszination für schnelle Maschinen.

Die Rosennamen aus der Zeit nach dem zweiten Weltkrieg verweisen auf eine intensive Beschäftigung mit der populären Kultur, mit ihren Freizeitbeschäftigungen und Berühmtheiten (wenn man genau hinsieht, aber nicht mit ihren Kultfiguren). Ein Benennungstrend führt in die Welt der Mode, und tatsächlich wurde eine 1949 eingeführte Rosensorte Fashion genannt. Seit dieser Zeit sind Rosen hinzugekommen, die die Namen Christian Dior, Vogue und Fashionette tragen (was immer der letztere Name auch bedeuten mag). Man benannte Rosen auch nach alkoholischen Getränken wie Chablis, Brandy, Cocktail, Glenfiddich, Scotch Blend, White Lightnin', Champagne Cocktail und Drambuie – letztere ist eine Spielart oder Mutation einer Rose namens Whisky Mac.

Die eingetopften Fuchsien und Margeriten zu Füßen dieser kletternden Teehybride in Cranborne Manor, Dorset, unterstreichen die Vorherrschaft der Rosen in diesem klassischen Garten aus dem 17. Jahrhundert.

Auch die Berühmtheiten des Showbusiness sind nicht zu kurz gekommen. Man findet Namen wie Judy Garland (es gibt auch eine Rose namens Over the Rainbow), Maurice Chevalier, Satchmo, Cary Grant, Arlene Francis, Ginger Rogers und sogar Dolly Parton. Elvis hat noch keine eigene Rose, wohl aber sein Graceland (seit 1989). Der Einfluß der Walt-Disney-Filme wird deutlich in Namen wie Dopey, Doc, Sleepy, Hi-Ho, Prince Charming (aus dem Film *Schneewittchen und die sieben Zwerge*), Bambi, Jiminy Cricket und Pinocchio. Vladimir Nabokov ist bis jetzt von der Verewigung durch eine Rose verschont geblieben, aber es gibt eine Sorte namens Lolita.

Ich habe keine Ahnung, was uns die nächste Rosenmode bringen wird, aber wenn man den immer stärkeren Einfluß der Elektronik auf unser tägliches Leben betrachtet, würde es mich nicht wundern, wenn ich im nächsten Januar einen Rosenkatalog aufschlage und unter den Neuzüchtungen Rosen finde, die Fax, Macintosh, Modem oder Hypercard heißen. Bei den neuen Zwergrosen könnten vielleicht Mikrochip, Microsoft und Mikrowelle auftauchen.

Diese leuchtenden, modernen Floribunda-Rosen am Forum Romanum erinnern daran, daß die Rose im Alten Rom ein Symbol für Wohlstand war.

Obwohl die Opernsängerinnen Lily Pons, Helen Traubel und Maria Callas ihren Namen einer Rose geliehen haben, und obwohl auch Rosen nach Händel, Mozart, Goethe und Picasso benannt wurden, ist auf dem Feld der Kunst bisher noch kaum nach Namen gegraben worden. Aber vielleicht ist hier ein Wandel in Sicht. Zu den interessantesten Rosen des späten 20. Jahrhunderts gehört die neue Rosenklasse der sogenannten Englischen Rosen, die von dem hervorragenden britischen Züchter David Austin hybridisiert wurden. Austin kombinierte erfolgreich die üppige Pracht der Strauchrosen des 19. Jahrhunderts mit der Farbenvielfalt der Teehybriden, die seit der Zeit König Edwards die Rosengärten beherrschen. Jede Kulturrasse dieser völlig neuen Rosenart (die gute Aussichten hat, zur beliebtesten und meistgezüchteten Rosenart der ersten Jahrzehnte des 21. Jahrhunderts zu werden) erhielt ihren Namen aus den Dichtungen Chaucers und Shakespeares: Canterbury, The Nun, Troilus, Othello, Prospero. Darüber hinaus hat Austin der Welt die erste und wahrscheinlich letzte Rosensorte verschafft, die nach einem Hustenbonbon benannt ist. Eine

Ob Stein, Beton, Gips, Ziegel oder Holz: Rosen verzieren jedes Material mit Anmut und Schönheit zugleich.

seiner prächtigsten Züchtungen erhielt den namen Fisherman's Friend; der Anlaß dazu war eine Wohlfahrtsauktion, bei der das Recht zur Namensgebung von der Firma ersteigert wurde, die diese Pastillen für rauhe Hälse produziert.

Ich habe das starke Empfinden, daß die Kunst der Namensgebung in den Jahren seit dem zweiten Weltkrieg heruntergekommen ist, wenn man von David Austin einmal absieht. Mir gefallen die alten Namen wie La France, New Dawn oder Radiance, und noch mehr mag ich die Namen von Rosen, die nach Frauen benannt sind, von denen ich nur eins weiß: Sie gaben ihren Namen einer Rose. Und ich erliege immer wieder der Vorstellung, ich würde eines späten Abends in einem alten Rosengarten die Frauen selbst entdecken, die – für eine Stunde wieder zum Leben erwacht – zwischen den Rosen wandeln, ihren Duft einatmen und leise miteinander sprechen. Ich gäbe etwas darum, Lady Mary Fitzwilliam, Lucy Bertram, Marie de Blois und Mme. de la Roche-Lambert einmal heimlich belauschen zu können. Aber bei Dopey und Jiminy Cricket fällt es mir schwer, ähnliche Gefühle zu entwickeln.

OBEN: *Rosen in einem Winkel von La Pietra in Italien, dessen Ungezwungenheit schon fast in Verwahrlosung übergeht.* GEGENÜBER: *In Hidcote Manor, Gloucestershire, wurde eine gestreifte Bourbon-Rose mit* Phlomis samia *gekreuzt.*

Rosen und ihre Verwendung

Die Rose ist für uns von überragend hohem Wert: Die Damaszener-Rose dient (zusätzlich zum exzellenten süßen Wasser, das man bei ihrer Destillation gewinnt, und zum Parfüm, das ihre getrockneten Blütenblätter abgeben und mit denen man süßduftende Beutel füllt) zur Entspannung des Körpers, wenn die Rose zu Sirup gefertigt oder in Zuckerwasser oder trockenem Kandis aufbewahrt wird.... Die rote Rose hat mehr medizinische Verwendungen als jede andere und ist für viele Rezepturen geeignet.... Die weiße Rose wird häufig zur Kühlung brennender Augen verwendet....

JOHN PARKINSON, *Paradisi in Sole: Paradisus Terrestris* (1629)

Viele alte Legenden stimmen darin überein, daß die Rose die Königin der Blumen sei und von Aphrodite, Allah oder einem anderen Gott erschaffen wurde. Die anderen Blumen, die in Anerkennung ihrer Schönheit bereitwillig ihre Untertanen sein wollten, und sich freuten, daß die Rose sie alle repräsentieren würde, hoben sie auf den Thron. Der Dichter Robert Herrick beschrieb im 17. Jahrhundert diese Wahl in seinem Gedicht *The Parliament of Roses to Julia:*

Und das gesamte Hohe Haus
wählte die Rose zur Königin aus.

Die Gattung *Rosa* ist nicht nur von edlem Geschlecht, sondern auch das schönste Mitglied in der Familie der Rosaceae, einer großen und weitverbreiteten Pflanzenfamilie, die für den Menschen seit seiner Seßhaftigkeit von großem Nutzen ist. Zur Verwandtschaft der Rose zählen u. a. Apfel, Kirsche, Pfirsich, Birne, Himbeere und Mandel, die man an ihren – im späten Frühling oder Frühsommer blühenden – Blüten mit den fünf weißen oder rosafarbenen Blütenblättern erkennen kann. Sie versorgen uns mit einer großen Auswahl wohlschmeckender und nahrhafter Früchte, von denen viele getrocknet oder zu Gelee oder Marmelade verarbeitet aufbewahrt werden können. Viele haben

Auf dieser Straße in Paris warten eingetopfte Rugosas und Teehybriden auf ihren Verkauf. VORHERGEHENDE SEITE: *Ein Rosenstrauß hinter einem regennassen Fenster.* SEITE 122: *Diese sorgfältig beschnittene und gebundene Kletterrose reicht bis zur Regenrinne des Empfangsgebäudes von Sissinghurst Castle in Kent.*

erfrischenden Saft, der auch vergoren werden kann. Die Mandel enthält einen leckeren Kern, der schon lange zu den wichtigen Zutaten der Mittelmeerküche gehört. Dank der Vermittlung der Honigbienen erhalten wir von manchen Mitgliedern der Rosaceae-Familie auch Honig, das erste Süßmittel überhaupt. Wieder andere Rosengewächse liefern ein süßduftendes Holz, das im Zimmerhandwerk Verwendung findet. Allerdings stammt das Holz, das wir als Rosenholz bezeichnen, von einem tropischen Baum, der nicht zu den Rosengewächsen zählt. Unter den höheren Pflanzenarten sind nur die Hülsenfrüchtler und die Familie der Gräser über einen so langen Zeitraum von vergleichbarer Bedeutung gewesen.

Viele Pflanzen aus dieser Familie sind auch heute noch nützlich für den Menschen, aber die meisten Rosenliebhaber würden jeden Versuch mit Verachtung strafen, Rosen nach Nützlichkeitskriterien zu bewerten. Für sie ist die Schönheit einer Rose an sich genug und jeder mögliche Verwendungszweck allenfalls zweitrangig. Ich stimme mit ihnen weitgehend überein, obwohl Rosen

Im öffentlichen Rosengarten von Rom zieren Rosen den ohnehin schon beispiellosen Blick über die Stadt.

und ihre Nebenprodukte heutzutage in Westeuropa, Bulgarien und den Vereinigten Staaten einen bedeutenden Wirtschaftsfaktor darstellen. Darüber hinaus ist die Geschichte der früheren Verwendungen hochinteressant; sie beginnt in der Medizin.

Sowohl die medizinischen Autoren des antiken Griechenland und Rom als auch die englischen und französischen Kräuterkundigen des 17. Jahrhunderts würden bei einem Besuch in einer modernen Apotheke überrascht feststellen, daß die Rosen in der heutigen Medizin keine Bedeutung mehr haben.

In der elften Auflage von *Taber's Cyclopedic Medical Dictionary* (1970) finden wir zur Rose nur einen einzigen Eintrag, und der bezieht sich auf Rosenwasser, das lediglich als Duftbeimischung von Lotionen erwähnt wird. Als ich klein war, hatte meine Mutter ein kleines blaues Fläschchen, das aus Rosenwasser gewonnene Augentropfen enthielt, die aber offenbar nicht mehr

Die Pracht und Fülle der Rosen in Monets berühmtem Garten spiegeln sich auch in diesen Blüten an einem Erfrischungsstand in Giverny. FOLGENDE DOPPELSEITE: *Rosen und Schmuckkörbchen in einer hochsommerlichen Kombination.*

hergestellt werden. Mein Apotheker konnte mir kein einziges Medikament nennen, das irgendwie auf Rosen basiert. Mein nächster Versuch, heute noch Spuren der großen Vergangenheit der Rose als Heilmitttel gegen Krankheiten und zur Förderung des körperlichen Wohlbefindens zu entdecken, führte mich in ein Reformhaus. Aber hier fand ich lediglich ein kleines Gefäß mit Kristallen aus Meersalz, Rosenblütenextrakt und Rosenpelargonien, dessen Etikett mir versprach, daß schon eine halbe Tasse dieser Kristalle – im Badewasser aufgelöst – das Herz beruhigen und Romantik in mein Leben bringen würde.

Die Geschichte der Rose in der Heilkunde dürfte zu Ende sein, doch sie war lang. Bereits Plinius der Ältere vermerkte in seiner *Naturalis Historia* aus dem ersten Jahrhundert n. Chr.: die Rose »hat medizinische Eigenschaften und dient für viele Zwecke des Leibes. Sie findet aufgrund der feinen Schärfe und der guten Durchdringung, die sie besitzt, als Pflaster, Augenwasser und Augensalbe Verwendung«. Darüber hinaus lassen sich mit Rosenasche »die Härchen der Augenbrauen in Form bringen«. Die Blätter wilder Rosen »bewirken, wenn sie

Getrocknete aromatische Blätter und Blüten – einschließlich Rosenblüten – ergeben zusammen mit Fixiermitteln und Gewürzen wie Gewürznelken, Muskatblüte, Zimt und Koriander eine duftende Mischung.

mit Bärenfett zu einem Einreibemittel vermischt werden, daß das Haar auf wunderbare Weise wieder wächst«. Plinius schreibt auch, daß die Wurzel der Hundsrose (*Rosa canina*) als Heilmittel bei Tollwut diene und daß die Götter diese Eigenschaft einer Frau im Traum offenbart hätten, deren Sohn von einem tollwütigen Hund gebissen worden und bereits dem Tod nahe gewesen sei.

Der englische Kräuterkundige Bartolomaeus Anglicus schrieb 1495: »Nichts in der Medizin ist so wirkungsvoll wie die Rose. Unter allen Blumen der Welt ist die Rose die erste, . . . ein Widersacher und Beistand bei vielen Krankheiten und Übeln«. In seinem berühmten, einflußreichen und faszinierenden Werk *The Herball, or General History of Plants* drückte sich der elisabethanische Wundarzt John Gerard wesentlich präziser aus und listete so viele medizinische Eigenschaften der Rose auf, daß man fast glaubt, er beschreibe moderne Antibiotika. Die zweite Auflage seines *Herball*, die 1633 posthum herausgegeben wurde, enthält eine detaillierte Bewertung der Moschusrose

In der Parfümerie Fragonard in Grasse gibt der Duft dieser elegant verpackten Seifen einen Hauch von Damaszener-Rosen wieder.

unter sowohl medizinischen als auch kulinarischen Aspekten. »Bereitet man die Blätter der Blume mit Öl, Essig und Pfeffer – oder auf andere Weise, gemäß dem Appetit und Verlangen derjenigen, die die Speise essen werden – zu einem Salat und ißt sie am Morgen, so reinigen sie den Bauch von wäßrigen und krankhaften Körpersäften, und dies machtvoll, jedoch ohne alle Gefahr und Schmerzen . . .«

Gerard schrieb auch das folgende Rezept für einen »Sirup aus Rosen« so detailgetreu nieder, daß abenteuerlustige Leser vielleicht ihren eigenen Sirup zubereiten wollen:

> Man nehme zwei Pfund Rosen, schneide die weißen Enden ab und brühe sie auf oder gebe sie zusammen mit sechs Pinten warmem Wasser in einen offenen Kessel und lasse sie zwölf Stunden ziehen. Dann seihe man sie ab und gebe da-

OBEN: *Hier teilen sich Clematis, Rose und* Hydrangea petiolaris *die Wand eines englischen Landhauses.* GEGENÜBER: *Junge Rosen verkörpern die Erwartungen derjenigen, die ihr Leben der Königin der Blume gewidmet haben – als professionelle Rosenzüchter oder als passionierte Rosenliebhaber.* FOLGENDE DOPPELSEITE: *Dieser Kirchhof in Kent zeigt Rosenbeete, wo man eigentlich Gräber erwarten würde.*

zu die gleiche Menge an Rosen. Das Wasser erwärme man erneut und lasse es wieder eine gleich lange Zeit stehen. Dies wiederhole man vier- oder fünfmal und gebe zum Schluß vier Pfund feinen Puderzucker hinzu. Nun lasse man dies auf kleiner Flamme zu einem Sirup eindicken, der bis zum Erkalten ständig gerührt werden muß. Erneut seihe man ab und bewahre den Sirup bis zur Verwendung auf, bei der ein bis zwei Unzen davon mit weißem Wein oder anderer Flüssigkeit eingenommen werden.

Dieser Sirup galt u. a. als gutes Mittel zum »Erweichen, Durchputzen und Reinigen des Bauches«, zum »Auflösen von Verstopfungen der Leber« und als Kur gegen »das Beben des Herzens«. Allerdings spreche ich hier keine medizinische Empfehlung aus. John Gerard war weiter davon überzeugt, daß Rosen »den Schlaf bringen . . . dank ihres süßen und duftenden Wohlgeruchs«.

OBEN: *Die orangefarbene Schattierung dieser Rosen erinnert an* Rosa foetida persiana, *die die Farbpalette in der Rosenzucht um einige bis dahin unerreichbare Farbtöne erweiterte.* GEGENÜBER: *Obwohl die Rosenfarben mittlerweile von Zartlila bis Scharlachrot, von Gelb und Leuchtend-Orange bis Blutrot und Cremeweiß reichen, ist die wirklich blaue Rose so unwahrscheinlich wie je.*

Ein anderer englischer Kräuterkundiger namens Nicolas Culpeper kritisierte Gerard heftig, da dieser niemals »eine kluge Begründung« für seine Thesen gebe. Andererseits stimmte er mit Gerard darin überein, daß Rosen Schlaflosigkeit heilen könnten. In seinem Werk von 1650 *The English Physician Enlarged with Three Hundred and Sixty-Nine Medicines Made of English Herbs* empfahl er, erwärmte Rosenblütenblätter auf die Stirn zu legen, da dies »Ruhe und Schlaf bewirkt«. Ferner riet er zu einem Absud aus roten Rosen und Wein, der »sehr wirksam ist, wenn er auf die Herzregion aufgetragen wird, um die Erregung darin zu lindern, so wie er bei Antoniusfeuer und anderen Krankheiten des Magens hilft«.

Zwar war Culpeper Puritaner, aber er hatte nichts dagegen einzuwenden, daß die Rose sowohl nützlich als auch schön sein dürfe. Doch die amerikanischen Shaker des 18. und 19. Jahrhunderts lehnten die Rose als Zierpflanze ab und legten ausschließlichen Wert auf die medizinischen Eigenschaften des

Rosen können einem Garten eine ästhetische Dimension verleihen, die sich manchmal schwierig in Worte fassen läßt, aber immer herrlich anzuschauen ist.

Rosenwassers. Eine Glaubensangehörige der Shaker erinnerte sich in einem anonymen Artikel des *Good Housekeeping*-Magazins aus dem Jahr 1906 an die Askese, die diese religiöse Gemeinschaft durchdrang:

> Rosen standen entlang der Straße, die durch unser Dorf führte, und sie wurden von den Vorübergehenden sehr bewundert. Es war uns jedoch nachdrücklich eingeprägt worden, daß eine Rose etwas Nützliches sei und kein Schmuck. Sie sei nicht dazu da, uns mit ihrer Farbe oder ihrem Duft zu erfreuen, sondern sie diene zur Herstellung von Rosenwasser, und sollten wir sie mit anderen Augen betrachten, würden wir sie zu einem Götzen erheben und dadurch unsere Seelen in Gefahr bringen. Damit wir nicht in Versuchung gerieten, uns Rosen ans Kleid zu stecken oder sie in eine Vase zu stellen, gab es die Anweisung, die Blume dürfe nur ganz ohne Stengel gepflückt werden. . . . Das Rosenwasser wurde natürlich verkauft und auch in der Gemeinde beim Backen von Apfelkuchen verwendet.

In der Parfümerie Fragonard in Grasse stehen die Destillierapparate bereit. Zweihundert Pfund Blütenblätter der Damaszener-Rose, die gepflückt werden, wenn der Morgentau gerade verdunstet, ergeben ca. 30 Gramm Rosenöl.

Trotz der Shaker und ihrer Rosenwasserkur gegen Kopfschmerzen ging im 19. Jahrhundert der Gebrauch von Rosen als Heilmittel zurück. Der amerikanische Züchter Samuel B. Parsons häufte in seinem sehr gut lesbaren Klassiker *The Rose: Its History, Poetry, Culture, and Classification* Verachtung auf das Haupt von Autoren, die versuchten, den medizinischen Wert der Rose »als ebenso außerordentlich« darzustellen, »wie ihren Rang als Blume«. Ganz besonders geringschätzig betrachtete er einen deutschen Schriftsteller mit dem passenden Namen Rosenberg, der, so schrieb er, die Blume zu einem »Heilmittel gegen jede Krankheit« mache und »ihr sogar übernatürliche Kräfte verleiht«. Parsons selbst widmete den medizinischen Eigenschaften der Rosen lediglich vier Seiten, und da er offenbar ein Anhänger der Abstinenzbewegung war, lehnte er die Verschreibung alkoholischer Rosentinkturen völlig ab. Seiner Meinung nach verdankte der Rosensirup seine abführende Wirkung

Obwohl sie, aus historischer Sicht gesehen, vielleicht unpassend sind, verleihen gerade die modernen Rosen dem antiken Forum Romanum Farbe und wecken die Erinnerung an Handel und Leben im alten Rom. GEGENÜBER: *Diese Dorothy Perkins besitzt ein rustikales Flair, das man bei Rosen nicht oft findet. Sie erinnert uns auf prachtvolle Weise daran, wie anpassungsfähig Rosen sein können.*

Rankrosen und Weinstöcke überwuchern gemeinsam eine Pergola, während darunter Strauchrosen ein »Schattendasein« führen.

den Sennes-Blättern sowie anderen Zutaten, aus denen er gekocht wurde. Er räumte zwar ein, daß mit Rosenwasser hergestellte Salben bei Augenentzündungen helfen würden, aber darüber hinaus empfahl er nur drei Rezepturen auf Rosenbasis. Rosenessig, zu dessen Herstellung man getrocknete Rosenblätter in Essig ziehen läßt, sei »wertvoll bei Kopfschmerzen«, wenn er in kleinen Mengen getrunken werde. Rosenhonig, bei dem Rosenblätter kurz in etwas Wasser und Honig aufgekocht werden und der sofort verbraucht werden sollte, »wird geschätzt bei Halsentzündungen, Abszessen in der Mundhöhle und überall, wo Honig guttut«. Außerdem empfahl Parsons eine haltbare Arznei aus zerstampften Rosenblättern, die mit der gleichen Gewichtsmenge Zucker vermischt wurden. Zusammen mit etwas Rosenwasser sollte sie »bei der Behandlung aller chronischen Krankheiten und Beschwerden der Eingeweide dienen«. Ferner hielt er den Genuß von Hagebutten für gesund.

Die letzte Annahme wurde während des zweiten Weltkriegs in Großbritannien bestätigt. Als es dort keine Zitrusfrüchte mehr gab, aß man vielerorts Hagebutten, die wegen ihres sehr hohen Vitamin-C-Gehalts gegen Skorbut

Hier entstand aus Rosenästchen und ein wenig Band ein stilvoller kleiner Geschenkstrauß.

vorbeugen. Meist wurden sie zu einem Sirup verarbeitet. Dazu entfernte man von einem Pfund Hagebutten die Stengel und zermahlte die Früchte zu einem Brei. Den bedeckte man mit Wasser und ließ ihn eine Stunde lang auf kleiner Flamme ziehen. Danach wurde die Flüssigkeit gefiltert und ein halbes Pfund Zucker eingerührt. Das Ganze ließ man aufkochen, bis sich der Zucker völlig aufgelöst hatte.

Der Beitrag, den Hagebuttensirup während des Krieges zur vorbeugenden Medizin lieferte, erinnert daran, daß Rosen früher auch viele kulinarische Verwendungen fanden. Nur wenige davon haben sich bis heute erhalten. Ich kann mich daran erinnern, daß meine Großmutter Lacy in Dallas kandierte Rosenblätter machte, indem sie die Blätter in Eiweiß und Zucker tauchte und sie zum Trocknen auf Wachspapier legte. Außerdem stellte sie köstliche Sandwiches aus Weißbrot her, von dem sie die Kruste entfernte, es mit Butter bestrich und dann mit Rosenblütenblättern belegte.

Rosenwasser wird auch heute noch als Aromastoff für Desserts und Süßigkeiten verwendet, sowohl in den Küchen der arabischen Welt als auch in Griechenland, Indien, dem Iran und der Türkei. Ein traditionelles türkisches Rezept für Rosenblütenmarmelade verlangt, daß frische Blütenblätter so früh am Morgen gepflückt werden müssen, daß noch Tau auf ihnen liegt. Der zähe weiße Teil der Blütenblätter, also der Übergang vom Blatt zum Kelch, wird abgeschnitten. Dann läßt man einen Teil Rosenblätter, einen Teil Zucker und einen Teil Wasser so lange auf kleiner Flamme kochen, bis die Masse andickt. Schließlich wird noch ein wenig Zitronensaft beigemischt, um die ansonsten doch wohl fade Masse zu aromatisieren. Ich habe auch ein Rezept für Rosenöl kennengelernt, nach dem man ca. drei Liter Rosenblütenblätter eine Stunde lang in etwa 500 ml Erdnußöl sieden läßt, das Öl dann in eine Flasche filtert und kühl lagert. Ein paar Tropfen davon sollen Plätzchen ein geheimnisvolles, undefinierbares Aroma verleihen.

Ich habe keins dieser Rezepte ausprobiert – und ich werde es wahrscheinlich auch nie tun –, aber offensichtlich sind die Leute heute in punkto Rosen kulinarische Weisenknaben gegen die alten Römer. Plinius der Ältere schrieb im ersten Jahrhundert nach Christus, daß »viele delikate und schmackhafte Gerichte

Folgende Doppelseite: *Vor dieser Villa bei Florenz umrahmen Rosen ein Paar klassischer Statuen wie die Wappenhalter eines Familienwappens.*

serviert werden, entweder bedeckt und bestreut mit Rosenblättern (also Blütenblättern) oder benetzt und eingerieben mit deren Saft, was diesen Köstlichkeiten keinen Schaden zufügt, sondern ihnen einen lobenswerten Geschmack gibt«. Ein römisches Rezept der Zeitenwende erforderte laut Marcus Apicius in einem Mörser zerstoßene frische Rosenblütenblätter mit Kalbsbrühe, vermischt mit Kalbshirn, Eiern, Wein, Rosinen, Öl und Pfeffer; das alles sollte langsam gebacken werden. Ein späteres Rezept vom Hof eines Königs von Sizilien im 13. Jahrhundert klingt, als sei es bei Marcus Apicius abgeschrieben worden. Man vermischte Rosenblütenblätter mit Eigelb, gekochtem Schweins-und Taubenhirn, Olivenöl, Branntwein und Wein und buk das Ganze. Als der Koch den Deckel von der Backform entfernt hatte, breitete sich – so behauptet der Text – im Speisesaal ein so köstlicher Duft aus, daß die Gäste ganz begierig auf das Mahl wurden.

Ich muß bekennen, daß diese Rezepte bei mir ausgesprochene Abscheu hervorrufen, so daß ich mich dankbar vor den Spaniern verneige, die die Neue Welt mit ihren Maiskolben und Kürbissen, mit Tomaten und Paprikaschoten und vor allem mit ihren Kartoffeln entdeckten.

Die Römer verwendeten Rosen außer in der Küche oder als Arznei auch noch auf andere Weise, doch die ist lange aus der Mode und vergessen. Verglichen mit der Menge der seit dem frühen 19. Jahrhundert gezüchteten Rosen kannten sie nur wenige Rosenarten, aber die pflanzten sie in großen Mengen an und gebrauchten sie so phantasievoll und verschwenderisch, daß die Rose die Sinnlichkeit und den Luxus des kaiserlichen Rom geradezu symbolisiert. Plinius schreibt, es sei üblich, daß junge Männer aus besseren Kreisen bei Festbanketten Kronen und Girlanden aus Rosen trügen, deren Duft nicht nur erfreuen, sondern auch vor den Folgen übermäßigen Weingenusses schützen solle. Bei solchen Anlässen streute man häufig auch Blütenblätter auf den Boden.

Auch Kleopatra war eine eifrige Rosenstreuerin. Als sie Marcus Antonius kennenlernte, gab sie zu seinen Ehren eine Reihe von Banketten. Bei einem dieser Feste ließ sie den Fußboden beinahe einen halben Meter hoch mit Blütenblättern bedecken, die durch Netze an ihrem Platz gehalten wurden. Nero wiederum war Rosen gegenüber so empfänglich, wie er gegen Christen verschlossen

Die wundervoll duftenden Blüten der New Dawn, einer der bekanntesten Rankrosen, können wochenlang blühen.

war. Wenn er am Strand spazierenging, streute seine Dienerschaft Rosen zu seinen Füßen aus. Bei einigen seiner Bankette regnete es gewaltige Mengen von Blütenblättern von der Decke herab, so daß die Gäste in süßem Duft und seidiger Blätterfülle begraben wurden. Es geht das Gerücht, daß dieses Begräbnis nicht immer nur symbolisch war. Bei Neros Banketten wie auch bei Feierlichkeiten anderer Römer war es auch üblich, eine einzelne Rose über den Tisch zu hängen. Sie galt als Opfer für Harpokrates, den Gott des Schweigens – eine Tugend, die dieser gelernt hatte, als er die amourösen Abenteuer seiner Mutter Venus für sich behalten mußte. So wurden die Gäste auf Ehre verpflichtet, alles auf diesen Banketten Gesagte für sich zu behalten – unter der Rose oder *sub rosa*.

Einige römische Moralisten mißbilligten zutiefst die luxuriösen Angewohnheiten, zu denen sich ihre Mitbürger durch Rosen anregen ließen. Cicero sprach in seiner Schrift gegen Verres, einen korrupten und tyrannischen Statthalter von Sizilien, verächtlich von der Gewohnheit dieses Staatsbeamten, sich auf Reisen durch seine Provinz »von acht Männern in einer Sänfte tragen zu lassen, sanft

Das Gitter auf dem Schindeldach dieses Nebengebäudes bildet ein Gerüst, an dem die Seitentriebe der zartrosa New Dawn und anderer Kletterrosen sich ausbreiten können.

bettet auf Kissen aus durchscheinendem Material, gefüllt mit Rosen aus Malta, in seiner Hand ein Netz aus feinstem Leinen, ebenfalls gefüllt mit diesen Blüten, deren Duft seine begierige Nase erfreut«. Ähnlich strikt war Seneca in seinem Urteil über Sminirides, einen Sybariten, der auf einem Lager aus Rosenblütenblättern schlief, aber an Schlaflosigkeit litt, sobald auch nur ein Blatt zerknittert war.

Die Römer assoziierten Rosen aber nicht nur mit Luxusleben, sondern auch mit dem Tod. Sie pflanzten Rosen häufig um oder auf eine Grabstätte, und die Wohlhabenden hinterließen in Testamenten sogar Geldsummen, um die Rosen pflegen und, falls nötig, durch neue ersetzen zu lassen. Als Marcus Antonius in der Schlacht von Actium geschlagen worden war, ließ er sich von Kleopatra versprechen, sein Grab mit Rosen zu bedecken, bevor er sich mit seinem Schwert das Leben nahm. Einfachere Leute vertrauten darauf, daß Fremde ihnen nach ihrem Tod diese Ehre erweisen würden: »Sparge, precor, Rosas supra mea busta, viator.« Inschriften wie diese baten auf schlichten Grabstätten die Vorübergehenden, das Grab mit Rosen zu bestreuen.

Die Triebe dieser Rankrose wachsen über die eigenen Blüten hinaus und sollten deshalb gebändigt werden, damit auch weiterhin eine reiche Blüte gewährleistet ist.

Die Christen übernahmen die heidnischen Bräuche, gaben ihnen aber eine andere Bedeutung. St. Hieronymus, der Kirchenvater des 4. Jahrhunderts, der das Neue Testament vom Griechischen ins Lateinische übersetzte, schrieb »die Alten streuten Rosen über die Urnen ihrer Verstorbenen und verfügten in ihren Testamenten, daß diese Blumen ihre Gräber schmücken und jedes Jahr erneuert werden sollten. . . . Diese bescheidenen Blüten waren das Symbol ihrer Trauer. Unsere Christen beschieden sich damit, eine Rose als Bild des Lebens zwischen den Grabschmuck zu legen.«

Rosen wurden auch später bei Begräbnissen verwendet. Als Charles Dikkens starb, legten seine treusten Leser seinen Sarg mit Rosen aus, füllten das offene Grab damit und bestreuten die Grabstätte viele Jahre lang mit Rosen. Im Süden der Vereinigten Staaten lassen wohlhabende Familien auch heute noch einen Floristen eine Rosendecke fertigen, um den Sarg eines verstorbenen Angehörigen damit zu verhüllen. Nach einem anderen Brauch tragen dort Menschen, deren Mutter bereits gestorben ist, am Muttertag eine weiße Rose und diejenigen, deren Mütter noch leben, eine rote.

Nicht alle Rosen duften, aber die meisten erfreuen uns mit ihren Wohlgerüchen. Man muß hier tatsächlich im Plural sprechen, da die Duftnoten und Nuancen stark variieren. Die amerikanische Gartenschriftstellerin Louise Beebe Wilder verfaßte mit *The Fragant Path* (1932) eins der besten Bücher, das je über duftende Pflanzen geschrieben wurde. Darin schrieb sie, der »wahre Duft alter Rosen« sei »der erlesenste und erfrischendste aller Blumengerüche – rein, klar, unvergleichlich – ein Duft, in den wir uns sozusagen tief hineinbegeben können, ohne etwas Derbes oder Bitteres zu spüren, in den wir bis zum Grund hinabtauchen können, ohne je das Gefühl erlesenen Genusses zu verlieren«. Allerdings vermerkte Wilder weiter, daß bestimmte Rosen auch Andeutungen anderer Düfte besäßen – ihr Duft erinnere beispielsweise an Veilchen, Honig, reife Erdbeeren, Reseda, Zitronen und Gardenien. Im Jahresbericht der American Rose Society von 1962 fügte N. F. Miller dieser Liste noch weitere Duftnoten hinzu: Kapuzinerkresse, Gewürznelke, Petersilie, Apfel, Maiglöckchen, Farn, Moos und sogar Leinöl. Gerüche sind bekanntermaßen subjektiv

Diese Arrangements aus frisch geschnittenen Rosen vor einem Restaurant in der Parfüm-Metropole Grasse unterstreichen, daß sich die Stadt der Bedeutung ihrer Rosen bewußt ist.

Restaurant
~
Galerie
ourmande
Crêperie
Bretonne
ETOILE
CREPERIE
super
raclette!

und ihre Wahrnehmung variiert von Person zu Person, doch es herrscht wohl allgemeine Einigkeit darüber, daß einige Rosen sehr süß riechen und daß ihre Duftnoten nicht einfach und gradlinig, sondern komplex und ein wenig geheimnisvoll wirken.

Duftende Rosen behalten mehr als alle anderen Blumen – mit Ausnahme des Lavendels – auch lange nach dem Verwelken ihrer Blüten noch ihr Aroma, das sie auch an andere Substanzen, insbesondere an Flüssigkeiten, abgeben können. Deshalb ist die Welt der Rosen auch die Welt des Rosenwassers, des Rosenöls, erlesener und teurer Parfüms sowie der duftenden Gefäße mit dem altmodisch-hübschen Namen Potpourri.

Potpourrigefäße – im Französischen bezeichnet Potpourri einen »verdorbenen Topf« – scheinen während der Zeit Elisabeths I., vielleicht aber auch früher, zum ersten Mal aufgekommen zu sein. Es zählt zu den angenehmsten Erlebnissen, bei jemandem zu Gast zu sein, der solche Duftmixturen selbst

Der Adel dieser Rose bildet den gebührenden Rahmen für den Adel der klassischen Statue inmitten der italienischen Landschaft.

anfertigt. Man findet auf dem Nachttisch ein Porzellantöpfchen, hebt den Deckel und schnuppert den Duft von Rosen eines vergangenen Sommers, der sich mit anderen Wohlgerüchen wie Lavendel und Rosmarin vermischt.

Manchmal überfällt mich der Wunsch, ich könnte durch die Zeit reisen und die Gärten derjenigen besuchen, die schon lange selbst zu Erde geworden sind, aber in ihren Büchern die Erinnerung an ihre Gärten aufrechterhalten haben. Ich würde gerne Celia Thaxters kleinen Garten auf der Isle of Appledore besuchen und einmal selbst sehen, was sie in ihrem Klassiker *An Island Garden* (1894) als ihr »süßes Fleckchen« bezeichnete. Und ich möchte in den Gartenanlagen von Monticello umherspazieren und hören, wie Thomas Jefferson seine Pekannußbäume rühmt und von seinem sympathisch-verrückten Traum erzählt, Orangen in Virginia zu pflanzen. Und selbstverständlich würde ich gerne Getrude Jekyll in ihrem Garten Munstead Wood in Surrey besuchen – an einem Tag, an dem sie gerade ihre Blütenpotpourris mischt.

In ihrem Buch *Home and Garden* (1900) beschrieb sie die Prozedur mit großer Ausführlichkeit. Zunächst sammelte sie mehrere Monate lang Rosenblütenblätter, die sie morgens, wenn der Tau gerade verdunstet war, büschelweise pflückte. Die Blätter breitete sie dann in einer dünnen Schicht auf Tüchern aus und ließ sie an einem kühlen und trockenen Ort ein wenig antrocknen. Anschließend kamen sie in Krüge, und zwar zusammen mit Salz, damit sie nicht schimmelten und ihre restliche Feuchtigkeit behielten. Auch die Blüten von Duftpelargonien und Lavendel wurden so gesammelt und eingelagert, und entsprechend wurden mit Gewürznelken reichlich gespickte Schalen von Pomeranzen konserviert. An einem Tag im Spätsommer wurden alle Gefäße in der Nähe des Kamins auf den Terrassenboden ausgekippt – ihr Inhalt konnte mittlerweile ein Dutzend Scheffel betragen: rund 40 heutige Haushaltseimer. Freunde und ihre Kinder waren eingeladen, beim Mischen der Blätter mit anderen Zutaten zu helfen, mit Muskatblüte, gemahlenen Gewürznelken, Piment, Benzoeharz und einem Produkt aus Veilchenwurzel namens Atkinson's Violet Powder. Mit Schürhaken und kleinen Schaufeln rührten und wendeten die Potpourri-Bereiter den Haufen, bis sie schließlich, kurz vor der Abenddämmerung, alles in ein Holzfaß stopften, das ca. 60 Liter aufnehmen konnte.

Der Rosenduft des Potpourris stammt von den konservierten Blütenblättern, die sich mit den anderen Zutaten vermischen. Rosenwasser und Rosenöl sowie auch das ätherische Öl, das bei der Parfümherstellung verwendet wird,

erhalten ihr Aroma von frischen Rosen, die man anschließend wegwirft. Laut Plinius – wieder einmal – kannten die Römer sowohl Rosenwasser als auch Rosenöl, wobei es sich aber mit großer Wahrscheinlichkeit nur um dünne Tinkturen aus in Wasser oder Öl eingeweichten Rosenblütenblättern handelte. Das heutige Rosenwasser entsteht durch oft wiederholte Destillation, bei der der Rosenduft mit jedem Mal konzentriert und verstärkt wird. Obwohl die Darstellungen darüber abweichen, wie das in der Geschichte des Gartenbaus vor dem 19. Jahrhundert immer der Fall ist, stammt die Destilliertechnik für Rosenwasser wahrscheinlich aus dem maurischen Spanien des 10. oder 11. Jahrhunderts und verbreitete sich von dort ostwärts nach Nordafrika, in die Türkei, nach Persien und nach Indien.

Rosenwasser fand bald als kulinarische Zutat Anklang und wurde auch in Fingerschalen vor und nach einem Festmahl verwendet. Darüber hinaus diente es zur Reinigung moslemischer Moscheen, die von christlichen Eindringlingen befleckt worden waren. Als Saladin 1187 Jerusalem von den Kreuzrittern zurückeroberte, ordnete er an, daß die Omar-Moschee, die als christliche Kirche gedient hatte, mit Rosenwasser gereinigt werden solle, das er mit einer

Ein beeindruckendes Exemplar der alten europäischen Spezies Rosa canina *oder auch Hundsrose schmückt den Dom zu Hildesheim.*

Karawane von 500 Kamelen aus Damaskus kommen ließ. Nach einer ähnlichen Reinigungszeremonie wurde die byzantinische Kirche Hagia Sophia auf Befehl von Mohammed II. nach der Eroberung Konstantinopels im Jahre 1453 in eine Moschee umgewandelt.

Wesentlich kostbarer und intensiver als Rosenwasser ist Rosenöl. Auch hier sind die historischen Angaben über Herkunftsort und -zeit unterschiedlich. In manchen Quellen heißt es, daß Rosenöl bereits im 14. Jahrhundert oder sogar noch früher in Konstantinopel hergestellt wurde. Ich tendiere eher zu der romantischeren und häufig zitierten Version, nach der Rosenöl im frühen 17. Jahrhundert in Indien entdeckt wurde, im Shalimar, einem der zahlreichen Gärten, die der Mogul Jahangir in Kaschmir hatte anlegen lassen. Der Herrscher liebte es sehr, mit einer seiner Frauen, der Perserin Nur-Jahan, auf einem mit Rosenwasser gefüllten Kanal Boot zu fahren. Eines Morgens entdeckte Nur-Jahan einen grünlichen Schaum auf dem Wasser, der sich als konzentriertes Rosenöl entpuppte, das durch die Glut der Sonne auf natürliche Weise destilliert worden war. Der Mogul war von dem intensiven Duft so angetan, daß er befahl, Rosenöl gezielt herzustellen. Dazu ließ er große Holzfässer mit Rosenwasser

Lilien und Rosen werden traditionell mit der Madonna in Verbindung gebracht, so wie in diesem italienischen, von Kerzen erleuchteten Marienaltar.

der Hitze des Tages und der Kühle der Nacht aussetzen, um so künstlich zu schaffen, was seine Frau durch Zufall entdeckt hatte. (In einer Variante soll die Herrscherin in einer Wanne mit Rosenwasser in ihrem Garten gesessen haben, aber mir gefällt die Vorstellung von dem Kanal besser.)

Seit dieser Zeit hat man in Indien Rosenöl produziert (wenn auch im 20. Jahrhundert Bulgarien marktführend ist). 1842 veröffentlichte der Engländer Dr. Jackson in der indischen Zeitung *The Bengal Dispensatory* einen Bericht über die Herstellung von Rosenöl, die damit begann, daß Hunderte von Männern, Frauen und Kindern kurz nach der Morgendämmerung die Blütenblätter in Säcken zu den Destillierapparaten brachten.

> Zur Herstellung des Rosenöls werden die Rosen in den Destillierapparat gegeben, dann läßt man langsam Wasser darüberlaufen, wie bei der Rosenwasser-Produktion. Wenn das Wasser durchgelaufen ist, wird es in ein großes Metallbassin gefüllt,

OBEN: *Ein gemischter Rosenstrauß in einer Craquelé-Teekanne präsentiert den vollendeten Ausgleich zwischen Eleganz und Vertrautheit, der die Rose zu etwas Besonderem macht.* GEGENÜBER: *Hagebutten können rund oder flaschenförmig und groß wie kleine Tomaten oder klein wie Erbsen sein. Sie besitzen eine süße, fleischige Hülle, unter der sich borstige Samen verbergen.*

das man mit einem feuchten Musselintuch bedeckt, damit kein Staub oder Insekten hineingelangen können. Dieses Behältnis läßt man nun in eine ca. 60 cm tiefe Grube herab, die zuvor mit Wasser gründlich angefeuchtet wurde. Dort bleibt das Rosenwasser die ganze Nacht. Rosenöl wird stets zu Beginn des Jahres hergestellt, wenn die Nächte noch kühl sind: Am frühen Morgen schöpft man mit einer Feder die dünne Schicht Rosenöl ab, die sich über Nacht auf dem Rosenwasser-Destillat abgesetzt hat, und füllt sie in eine kleine Phiole. Die von Tag zu Tag wachsende Menge Rosenöl wird dann täglich kurz der Sonne ausgesetzt. . . . Reines Rosenöl, das erst vor drei oder vier Tagen abgeschöpft wurde, besitzt eine grünlich schimmernde Farbe, die sich aber nach ein paar Wochen in einen hellen Gelbton verwandelt.

Heutzutage wird destilliertes Rosenöl häufig mit Pelargoniumöl verschnitten, und es ist auch nur eins der ätherischen Rosenöle, die für die Parfümherstellung verwendet werden. Die Rosenöle, die man mit Hilfe von Enfleurage und Extraktion gewinnt, sind wesentlich preisgünstiger, aber auch nicht so rein. Während das echte Rosenöl meistens aus Bulgarien, Indien oder dem Nahen Osten stammt, ist in Südfrankreich – dem Parfümzentrum der Welt – die Rosenölproduktion mittels Enfleurage-Verfahren verbreiteter. Dabei werden tierische Fette auf Glasplatten aufgetragen und solange frische Blütenblätter in diese Schicht gepreßt, bis sie mit dem ätherischen Öl der Rosen gesättigt ist. Das Fett wird dann zusammen mit Alkohol erhitzt und dabei löst sich das Öl im Alkohol und steigt zur Oberfläche, wo man es abschöpfen kann.

Die Zutaten und Formeln eines Parfüms sind wohlgehütete Geheimnisse, und die Parfümhersteller denken natürlich im Traum nicht daran, die Verwendung von Schweineschmalz und anderen tierischen Fetten bei der Produktion ihrer kostbaren Substanzen in der Werbung publik zu machen. Aber eine Freundin mit einer sehr sensiblen Nase verriet mir, daß sie in Arpège, Chanel No. 5, Joy, White Linen und höchstwahrscheinlich auch in Shalimar einen Hauch von Rosen herausrieche.

Bei der Beschäftigung mit der Parfümherstellung haben wir uns völlig von der reinen und makellosen Vorstellung von der Rose als einem Objekt großer Schönheit und Anziehungskraft entfernt. Rosen tragen aber nicht wenig zur Weltwirt-

Rosen ranken sich um diese einfache Bank auf Sezincote –
einem einzigartigen Landsitz in Gloucestershire.

schaft bei. Tatsächlich wäre es eine finanzielle Katastrophe internationalen Ausmaßes, wenn es einem böswilligen Dämon gelänge, mit einem Fingerschnippen alle Rosen der Welt verschwinden zu lassen, denn sehr viele Menschen verdienen mit Rosen auf die unterschiedlichste Weise ihren Lebensunterhalt. Von den bulgarischen Arbeitern, die Rosenblüten für Rosenöl pflücken und denen auf den Feldern Südfrankreichs, wo Rosenwasser destilliert wird, bis zu den Parfümverkäufern von Macy's oder Lord & Taylor: Für sie alle bedeutet Rosenduft Geld.

In den USA werden im Rosenversand und in den Gartencentern jährlich zwischen 30 und 50 Millionen Teehybriden verkauft, wobei die Menge jeweils von der Ernte der Rosenzüchter und von der Nachfrage abhängig ist. Diese Schätzung läßt Kletterrosen, Miniaturrosen, Strauchrosen und Schnittrosen für Blumenläden außer acht. Der Einzelhandelspreis für Teehybriden beträgt im Durchschnitt 10 Dollar, so daß sich bei der niedrigeren Schätzung der verkauften Teehybriden in den Vereinigten Staaten ein Betrag von 300 Millionen Dollar jährlich ergibt – eine ganz beachtliche Summe.

In der Hoffnung auf einen Preis bei einer Rosenausstellung wird diese perfekt geformte Blüte durch eine Hülle geschützt, damit alle Kelch- und Blütenblätter makellos bleiben.

Der wirtschaftliche Wert der Rose reicht aber noch weit über den Ladenpreis hinaus, denn von allen Zierpflanzen erfordern Rosen – insbesondere Teehybriden – die meiste Pflege und damit auch reichlich Gerätschaft und Hilfsmittel. Die Teehybriden müssen nicht nur im späten Winter oder ganz frühen Frühjahr kräftig und sorgfältig zurückgeschnitten werden, sie besitzen auch eine Unzahl von Feinden: Blattläuse, Larven der Rosenblattwespe, Japankäfer, Rosenzikaden, Nematoden und die Milben der Roten Spinne sind nur einige der Schädlinge. Bakterielle Infektionen können Gallen hervorrufen, und Pilze verursachen Rosenrost, Mehltau und Sternrußtau, die das Blattwerk entstellen und die Pflanze schwächen, so daß sie noch anfälliger für weitere Krankheiten wird. Und wenn viele Rosen zu dicht auf einer kleinen Fläche wachsen, entsteht eine Monokultur, ähnlich wie die Kartoffelmonokulturen im Irland des frühen 19. Jahrhunderts oder die Baumwollfelder im amerikanischen Süden während der 20er und 30er Jahre unseres Jahrhunderts. In einer Monokultur können sich Krankheiten ohne Hindernis ausbreiten, und die Zahl der auf die jeweilige Pflanze spezialisierten

Frauenviole, Morgenländischer Mohn, Löwenmaul, Schwertlilien und Rosen bilden diesen lebenden Millefiori-Teppich in Monets Garten in Giverny.

Insekten steigt sprunghaft. Will der Gärtner dem Insektenfest ein rasches Ende bereiten, dann füllt sich – sofern er nicht strikt ökologische Grundsätze vertritt – sein Gartenschuppen bald mit Insektiziden wie Fundal Forte, Pentac oder E 605. Dazu kommen dann sicher noch Fungizide, um Sternrußtau oder Mehltau direkt beim ersten Anzeichen bekämpfen zu können. Außerdem braucht der passionierte Rosenzüchter kleine Gartenscheren, Spritzgeräte, Gartenhippen, Okuliermesser, Schläuche und Bewässerungsanlagen. Der eine oder andere wünscht sich vielleicht auch Spaliere, Lauben und Rosenbögen, und die Umsichtigen benutzen Gartenhandschuhe aus Schafsleder. Dazu kommt, daß Rosen großen Appetit haben: Sie benötigen regelmäßig getrockneten Dung oder Kunstdünger, und eventuell müssen sie auch mit Kiefernrinde oder Kakaohülsen gemulcht werden. Deshalb bedeutet jede gepflanzte Rose eine Umsatzsteigerung für die chemische Industrie und die Gerätehersteller.

OBEN: *Inmitten dieser außergewöhnlichen Blütenfülle putzt ein Gärtner beständig die verwelkten Blumen aus, um auch weiterhin eine reiche Blüte zu gewährleisten.*
GEGENÜBER: *American Pillar zählt seit ihrer Einführung im Jahre 1909 zu den beliebtesten Rosen – nicht zuletzt deshalb, weil sie ohne allzu großen Aufwand die in sie gesetzten Erwartungen erfüllt.*

Die elegante, aber nicht duftende weiße Rose Frau Karl Druschki wurde im Jahr 1900 der Öffentlichkeit vorgestellt. Sie war eine der ersten ihrer Klasse und wird auch heute noch viel angepflanzt.

Aber auch mit der Zucht neuer Rosen läßt sich Geld verdienen. Dieses Unterfangen ähnelt der berühmten Suche nach der Nadel im Heuhaufen, mit dem Unterschied, daß Nadelsucher mit ihrer Tätigkeit kein Geld verdienen; professionelle Rosenzüchter dagegen haben zumindest eine kleine Chance. Die Chancenverteilung in diesem Beruf sieht so aus: Von 2000 ausgesäten Samen einer bestimmten Kreuzung werden ca. zehn Prozent überhaupt nicht keimen. Von den restlichen 90 Prozent können bis zu 25 Prozent Albinos sein, die aufgrund der fehlenden Fähigkeit zur Photosynthese nicht überleben werden. Und falls es unter den übrigen auch nur ein vielversprechendes Exemplar gibt – dessen erste Blüte, wenn das Pflänzchen gerade erst ein paar Zentimeter hoch ist, weitere Aufmerksamkeit und Bewertung rechtfertigt –, darf sich der Kultivator glücklich schätzen.

Die Bewertungskriterien für eine Rose, die in die Rosenzucht eingeführt werden soll, sind äußerst streng. Sie muß eine ansprechende Farbe besitzen, die zunächst einmal dem Züchter gefallen, dann aber auch den gerade aktuellen Geschmack der Gärtnereikunden treffen sollte. (In den 50er Jahren waren

Schönheit, die dringend nach Pflege verlangt, aber immer noch schön ist: Ein energischer Rückschnitt und gute Düngung werden die mageren Zweige und das lichte Blattwerk kräftigen.

beispielsweise warme Orangetöne sehr beliebt, während im vergangenen Jahrzehnt rauchige Malvenfarben zu den Favoriten zählten.) Duft ist sicherlich wünschenswert, denn gerade dieses Kriterium wird häufig übergangen, so daß sich die Beschwerden über nicht duftende Rosen häufen. Das Blattwerk sollte von sattem Dunkelgrün sein. Außerdem ist Widerstandsfähigkeit gegen Krankheiten wichtig, obwohl sich eine Anfälligkeit für Sternrußtau oder Mehltau manchmal erst dann bemerkbar macht, wenn die Rose bereits in großem Umfang vermehrt wurde, einen Namen erhalten hat und offiziell eingeführt ist. Und schließlich sollte eine neue Rose die schwer zu definierende Eigenschaft des Besonderen besitzen, einen sichtbaren Unterschied zu allen anderen Rosen auf dem Markt.

Eine blaue Rose – wenn es denn je eine geben sollte – hätte dieses Besondere, und der Züchter, der eines Morgens unter seinen Sämlingen eine Rose mit azur- oder saphirblauen Blüten entdecken würde, könnte ein beträchtliches Vermögen damit machen. Geschichten über blaue Rosen gibt es einige. Der englische Rosenzüchter William Paul erwähnt 1848 in seinem Buch *The Rose*

Die Pflanze wurde im Winter kräftig zurückgeschnitten, und ihre neuen Triebe reagieren nun auf die erste Wärme des Frühlings.

Garden Berichte, nach denen die Mauren in Spanien blaue Rosen gezogen haben sollen, indem sie »die Pflanzen mit indigogefärbtem Wasser gossen«. Paul hatte jedoch größte Zweifel bezüglich dieser Behauptung: »Daß sie solche (Rosen) besessen haben, kann nicht einen Augenblick lang angenommen werden, und die Methoden, mit denen sie diese erzielt haben sollen, sind noch zweifelhafter.« Unter den Geschichten um die blaue Rose findet sich auch das Gerücht, daß ein Züchter in Ulster unter seinen Sämlingen eine blaue Rose gefunden habe, diese aber sofort zerstörte, damit diese Neuheit nicht den guten Geschmack der Leute ruiniere.

Ein Jahre vor dem Erscheinen von Pauls Buch vertrat der Amerikaner Samuel B. Parsons in seinem Werk *The Rose* die Ansicht, daß – falls blaue Rosen überhaupt jemals existiert haben sollten – sie ausgestorben seien. Aber er war

OBEN: *Unter dem weiten Himmel, der sich im Gartenteich widerspiegelt, schützt eine hohe Eibenhecke die Rosen gegen den Wind des Weald in Kent.*
GEGENÜBER: *Der Lohn auf der Field Farm in Kent: Myriaden von Rosen, einschließlich der wunderschön gestreiften Rosa Mundi.* FOLGENDE DOPPELSEITE: *Der berühmte Pariser Rosengarten von Bagatelle wurde 1903 auf dem Gelände einer ehemaligen Pferdekoppel der Söhne Napoleons III. angelegt.*

zuversichtlich, daß Wissenschaft und Technik eines Tages in der Lage sein würden, sie künstlich herzustellen. Seiner Ansicht nach wären blaue Rosen ein »einzigartiges Ergebnis« und »sicher den Versuch wert«. Weiter schrieb er:

> Vor zehn Jahren hätte sich jedermann dem schärfsten Spott ausgesetzt, der vorhergesagt hätte, daß ein flackernder Schatten auf eine Platte gebannt und daß Nachrichten mit der Geschwindigkeit eines Blitzes über Tausende von Meilen transportiert werden könnten. Und doch ist beides erreicht worden – das eine von Daguerre und das andere von einem unserer Landsleute. . . . Nach der Erfindung der Daguerreotypie und des magnetischen Telegraphen kann nichts mehr für unmöglich oder undenkbar gehalten werden, wenn man bedenkt, welche natürlichen Mittel dem Menschen von einer übergeordneten Weisheit in die Hand gegeben worden sind.

Bis heute gibt es noch keine blauen Rosen, da der Gattung *Rosa* alle Gene zur Bildung des Pigments Delphinidin und anderer, für die Farbe Blau zuständiger Pigmente fehlen, und vielleicht wird es auch nie eine blaue Rose geben. Aber Samuel Parsons optimistische Sicht, daß »nichts für undenkbar gehalten werden

Ein einfacher Rahmen aus Lärchenholz stützt diese Kletterrose in Mottisfont Abbey. Flockenblumen und Wollziest vervollkommnen die Szenerie, die dank ihrer Kräuterpflanzen auch dann noch interessant wirkt, wenn die Rosen verblüht sind.

kann«, einschließlich blauer Rosen, mag angemessen sein, wenn man die jüngste Entwicklung der Gentechnologie in Betracht zieht, die es ermöglicht, Pflanzen fremde Gene zu übertragen. Der wirtschaftliche Wert der ersten blauen Rose wäre mit Sicherheit unvorstellbar groß – bei ihrem ästhetischen Wert bin ich mir nicht so sicher.

Die Entwicklung einer neuen Rose (es muß nicht unbedingt eine blaue sein) erfordert einen enormen Aufwand an Zeit, Energie und Geld. Aber eine erfolgreiche Rose kann auch einen recht beachtlichen Betrag für ihren Züchter und für viele andere Menschen erwirtschaften. Die heutige massenhafte Vermehrung mit Hilfe der Okulation – bei der die Triebknospe einer Rose auf eine andere Rose gebunden wird, die als Pfropfunterlage ein gut ausgebildetes Wurzelsystem mitbringt – hat zur Folge, daß sich innerhalb von drei bis vier Jahren von einer einzelnen Pflanze hunderttausende Klone, d. h. genetisch identische Exemplare herstellen lassen. Der internationale Patentschutz für Pflanzen sieht vor, daß der Rosenzüchter oder die Firma, für die er arbeitet,

Die Fülle dieser lebendigen Teehybriden, Floribunda- und Polyantha-Rosen sorgt hier für einen imposanten Anblick, den man in den wenigsten Privatgärten findet.

nach Einführung einer Rose siebzehn Jahre lang für jede kommerziell vermehrte und verkaufte Pflanze einen bestimmten Betrag erhält.

Aber auch alle anderen, die keine Rosen züchten, möchten vielleicht an 365 Tagen im Jahr frische Schnittrosen erwerben können, um sie Freunden, Verwandten oder dem/der Geliebten zu schenken oder um sie zum eigenen Vergnügen zu Arrangements zusammenzustellen. Wir neigen immer mehr dazu, so scheint mir, das Blumengeschäft in der Nähe als etwas Selbstverständliches zu betrachten – ein angenehmer Ort mit hilfsbereiten und im allgemeinen sehr netten Verkäufern, in dem es frische Rosen und andere Blumen gibt, die dank der Kühltechnik stets erhältlich sind. Wir sagen, wir haben Rosen im Laden gekauft, ohne uns im Klaren darüber zu sein, wo sie herkommen oder welch langen Weg sie möglicherweise zurückgelegt haben – vielleicht stammen sie aus Mexiko oder aus der Dominikanischen Republik, aber mit großer Wahrscheinlichkeit kommen sie aus Holland.

OBEN: *New Dawn ist eine Mutation der Rose Dr. W. van Fleet und zählt mit gutem Grund zu den beliebtesten Kletterrosen. Hier schafft sie einen herrlichen Rahmen für ein Plätzchen im Garten.* GEGENÜBER: *Diese goldgelben Rosen auf einem Pariser Markt setzen eine alte Tradition des Blumenschenkens fort: In früheren Zeiten überbrachte eine gelbe Rose die Botschaft »Laß uns vergessen«.*

Vor einigen Jahren besuchte ich die Schnittblumenauktion in Aalsmeer in den Niederlanden, die von einer Kooperative betrieben wird, in der über 4000 niederländische Züchter vereinigt sind. Die Groß- und Zwischenhändler bilden die ebenso zahlreiche Kundschaft. Jeden Tag werden auf diesem 300000 m² großen Areal, das in fünf Auktionshallen unterteilt ist, zwischen 4.30 Uhr und 12.00 Uhr neun Millionen Schnittblumen verkauft. In diesen Hallen, von denen eine nur für Rosen bestimmt ist, sitzen die Käufer auf steil ansteigenden Tribünen an Tischen mit einer elektronischen Anlage, über die sie per Computer ihre Angebote machen. Im Lauf der Versteigerung wird ein Wagen nach dem anderen hereingefahren, von denen jeder 2760 Rosen in zwölf sorgfältig gepackten Behältern enthält. Für erstklassige Rosen mit geraden Stielen ergibt sich pro Wagen ein Ladenpreis von über viertausend Dollar. Jeder Wagen bleibt nur ein paar Sekunden in der Halle, bis die Angebote gemacht sind. Dann wird

OBEN: *In der zarten Hundsrose finden wir noch heute jene Schlichtheit, von der alle modernen Rosen abstammen: fünf Kelch- und fünf Blütenblätter umschließen den Blütenboden mit den gelben Staubfäden und den Narben in der Mitte.*
GEGENÜBER: *Daß die zartrosafarbenen Blüten bis in den Herbst blühen, ist sicherlich ein Grund für die nicht nachlassende Beliebtheit der New Dawn.*

er vom Zentralcomputer über ein ausgeklügeltes Schienensystem zum Kühlwagen des erfolgreichen Bieters geschickt. Eine Rose, die am Montag geschnitten und am Dienstag versteigert wurde, kann in den europäischen Blumengeschäften am Mittwochnachmittag zum Verkauf bereitstehen. Die für den amerikanischen Markt bestimmten Rosen werden am frühen Nachmittag vom Amsterdamer Flughafen in verschiedene amerikanische Städte geflogen. Die meisten erreichen die Blumengeschäfte innerhalb von 36 Stunden nach dem Verkauf.

Wenn man einem geliebten Menschen zum Geburtstag oder am Valentinstag ein Dutzend langstieliger roter Rosen schenkt, möchte man vielleicht nichts weiter, als mit diesem Geschenk von kurzlebiger Schönheit seine Gefühle der Zuneigung zum Ausdruck bringen. Aber die Treibhausbesitzer und ihre Angestellten, die Lastwagenfahrer, die Kellner im Restaurant der Auktionshalle von Aalsmeer, die Händler, Flugzeugpiloten, Gelegenheitsarbeiter und die Blumengroß- und -einzelhändler sowie zahlreiche andere Menschen betrachten das liebevolle Rosengeschenk unter einem rein praktischen Aspekt.

OBEN: *Diese verwegene Kletterrose an einem Zaun in Nantucket läßt die Schönheit des Gartens dahinter erahnen.* GEGENÜBER: *Die Blechbüchsen inmitten der sommerlichen Blütenfülle dienen als Fallen für Ohrwürmer.*

Rosen und ihre Bedeutung

Die Poesie geht mit Rosen verschwenderisch um: großzügig bestreut sie mit ihnen die Betten, webt sie um Kronen, flicht sie um den Pokal in Bacchus' Festen, pflanzt sie an den Busen der Schönheit – nein, sie empfindet nicht nur Freude an der Rose als solcher, sondern bedient sich auch ihrer Schönheit zum Vergleich mit den lieblichsten Werken der Natur: so zart wie ein Rosenblatt, süßduftend wie eine Rose, rosige Wolken, rosige Wangen, rosenrote Lippen, ein rosiger Hauch, die rosige Morgendämmerung etc., etc.

Autor unbekannt, Zitat aus Joseph Breck, *The Flower Garden* (1851)

Wie sind Rosen überhaupt entstanden? Warum sind einige weiß, andere rot und wieder andere gelb? Warum besitzen die meisten Rosen Dornen, die zum Teil sehr beeindruckend wirken? Heutzutage suchen wir mit Hilfe der Biologie Antworten auf diese und andere Fragen zu Rosen – beziehungsweise zu Pflanzen überhaupt. Die Antworten finden sich in der Evolution des Pflanzenreichs, in den Chromosomen und Genen, in der wechselwirkenden Entwicklung von Pflanzen, Insekten und anderen Bestäubern und in der Notwendigkeit, sich vor Verletzung durch Tiere schützen zu müssen. Aber diese Antworten kennen wir erst seit vergleichsweise kurzer Zeit, dank der Naturwissenschaften, die sich nicht für die Bedeutung, sondern für die Funktion interessieren, und sich mit dem *Wie* und nicht mit dem *Warum* beschäftigen. Den weitaus größeren Teil unserer Geschichte hindurch betrachteten wir Rosen als Symbole, als außergewöhnlich mächtige Symbole. »Rosen müssen etwas bedeuten«, dachten wir und begaben uns auf die Suche danach.

Der Mensch ist auf viele verschiedene Weisen definiert worden. Man bezeichnete ihn unter anderem als ein mit Verstand ausgestattetes Tier, als ungefiederten Zweifüßer oder als Tier, das Werkzeuge benutzt. Aber wir sind hauptsächlich symbolorientierte Geschöpfe, denn unser wichtigstes Werkzeug ist das Symbol. Unsere soziale, politische und persönliche Umgebung haben wir

Dieser Buchsbaumgarten, der sehr anmutig von Kletterrosen umrahmt wird, befindet sich in Cranborne Manor, einem ehemaligen Jagdhaus von König John in Dorset. Vorhergehende Seite: *Der »Tausendjährige Rosenstock«, eine riesige Hundsrose am Hildesheimer Dom, reicht fast bis zum Dach der Kathedrale.* Seite 182: *Eine fest geschlossene Knospe versteckt sich zwischen stark gefüllten Blüten.*

uns selbst aus Symbolen gestaltet, die im Grunde höchst willkürlich sind. Es gibt keinen tieferen Grund dafür, daß eine rote Ampel zum Stehenbleiben auffordert und eine grüne zum Weitergehen. Ebensowenig müssen die vier Buchstaben, mit denen wir das Wort »Baum« buchstabieren, oder der Laut, mit dem wir dieses Wort aussprechen, wirklich Baum bedeuten. Aber unser symbolorientierter Geist wirkt weit über die Konstruktion einer sinnvollen Welt aus willkürlichen Zeichen und Lauten hinaus. Wir wollen auch in den Dingen der nicht-menschlichen Welt eine Bedeutung finden. Wir möchten, daß die Natur zu uns spricht, uns Dinge lehrt und uns Unbekanntes enthüllt. Wir möchten sogar glauben können, daß menschliche Handlungen – oder die Handlungen von Göttern, die uns meist erstaunlich ähnlich sind – einen Teil der Natur, beispielsweise die Pflanzen, geschaffen haben.

Von allen Pflanzen, die seit den frühesten Tagen der Antike in den Gärten der Mittelmeerländer gezogen wurden, verfügt die Rose am ehesten über

In dieser Gartenanlage der Mottisfont Abbey in Hampshire bilden Buchsbäume und Eibensträucher das abwechslungsreiche »Gerippe« des winterlichen Rosengartens.
VORHERGEHENDE SEITE: *Ein kletternder Rosenkranz umgibt dieses Verandafenster in Bracciano, Italien.*

Eigenschaften, die sie für eine symbolische Interpretation hervorragend geeignet machen. Die Rose besitzt eine unerreichte Schönheit der Form, die von der Schlichtheit der *Rosa canina* mit ihren fünf Blütenblättern bis zu den gefüllten Blüten der *Rosa gallica* und ihren natürlichen Hybriden reicht, die aus spontanen Mutationen oder Zufallskreuzungen mit anderen Spezies entstanden. Die Farben Weiß und Rot, die man bei den europäischen und kleinasiatischen Rosensorten am häufigsten antrifft, passen ideal in das Vokabular der Symbolsprache, die Weiß als Sinnbild der Unschuld und Reinheit betrachtet und Rot als Zeichen der Leidenschaft und des Blutes. Nicht alle Rosen duften, aber viele besitzen einen kräftigen, süßlichen Wohlgeruch, der selbst dann noch anhält, wenn die Blumen verwelkt und die Blütenblätter verblaßt sind. Viele Rosen entwickeln sich aus einer kompakten und spitzen Knospe zu einer üppigen Blüte, gleich einem Versprechen und seiner Erfüllung – oder einem unberührten Zustand ähnlich, der sich zu etwas völlig anderem, etwas Reifem und Erfahre-

Bauerngartenblumen umgeben diese abseits gelegene Kapelle in Italien.

nem entwickelt. Rosenblüten fühlen sich sehr zart an, aber meist ist die Pflanze auch mit Dornen gewappnet, die so spitz und kräftig sind, daß sie die Haut durchbohren und bis aufs Blut verletzen können. Rosen sind Blumen der Liebe, aber sie können auch Schmerzen zufügen – und sie lassen niemanden unberührt.

In der griechischen und römischen Mythologie spielt die Rose eine wichtige Rolle. Bei den Griechen galt sie vor allem als Blume der Göttin der Liebe, Aphrodite, und man glaubte, daß die Rose aus dem Meeresschaum entstanden sei, als Aphrodite den salzigen Fluten des Mittelmeeres entstieg. Zunächst waren alle Rosen weiß, bis Aphrodites schöner Geliebter Adonis während der Jagd von einem wilden Eber tödlich verletzt wurde. Eine Überlieferung besagt, daß sein Blut die Rosen in seiner Nähe rot verfärbte. In einer anderen heißt es, daß Aphrodite, die zu ihrem verwundeten Geliebten eilte, sich an den Dornen einer weißen Rose stach und es somit ihr Blut war, das die Rosen rot färbte. Die römische Mythologie kennt wieder andere Varianten. Cupido, der Sohn der Göttin Venus (der römischen Aphrodite), verschüttete leicht angeheitert einen Becher Wein über einige weiße Rosen, die so zu roten Rosen wurden. Bei einer anderen Begebenheit soll er verärgert einen Pfeil auf eine Rose abgeschossen haben, da

Diese Rose, die allein schon aufgrund ihrer samtigen rosafarbenen Blütenblätter bezaubert, erhält durch ihr goldenes, sich öffnendes Auge noch eine ganz besondere Leuchtkraft.

ihn eine Biene gestochen hatte, während er an den Blüten schnupperte. Seitdem besitzen Rosen spitze Dornen.

Die persische Mythologie kennt eine andere Geschichte, die aber nicht von Göttinnen handelt, sondern von der ersten Nachtigall, die sich gegen die Dornen einer Rose preßte, damit sie wach bleiben und die kühle Nachtluft mit ihrem melodiösen Gesang versüßen könne. Diese einfallsreiche Methode gegen Müdigkeit war zwar von Erfolg gekrönt, aber der Vogel verletzte sich dabei leicht an der Brust, und am nächsten Morgen – nachdem er die Menschen während der Nacht mit seinem Gesang erfreut hatte – waren die weißen Rosen, zwischen denen er gesessen hatte, rot.

Manchmal brachte man auch Sterbliche mit der Entstehung der Rose in Verbindung – dabei handelte es sich allerdings meist um erlauchte Persönlichkeiten. Meist waren sie dabei Objekt der in der griechisch-römischen Welt so geschätzten Metamorphose – der Verwandlung von Nymphen und Menschen in Bäume oder Blumen. Das beste Beispiel dafür ist Rhodanthe, eine Königin von Korinth. (Ich betrachte diese Geschichte mit Skepsis: nicht nur wegen ihres fabelhaften Inhalts, sondern aufgrund von Rhodanthes Namen, der »Rosenblü-

Die strahlende, halbgefüllte Fellemberg wird auch unter dem Namen La Belle Marseillaise geführt.

Verschiedene Kletterrosensorten erklimmen die Renaissance-Fassade von La Pietra in Italien.

te« bedeutet.) Eines Tages suchte Rhodanthe auf der Flucht vor übereifrigen Verehrern Schutz in einem Tempel der Diana. Ihre Untertanen blieben draußen vor dem Säulengang, um sie zu verteidigen, und aus Liebe zu ihrer Königin stimmten sie einen Sprechchor an, in dem sie wünschten, daß Rhodanthe zur Göttin erhoben werde. Zufällig hörte Dianas Bruder Apollo ihren Gesang und verwandelte Rhodanthe in einen Rosenstrauch, um den Tempelbereich seiner Schwester zu schützen. Und da er einmal dabei war, verwandelte er auch gleich noch einige andere: Die Verehrer wurden zu Raupen, Bienen und Schmetterlingen – Lebensformen, die auch heute noch begierig auf die guten Sachen sind, die Rosen anzubieten haben. Rhodanthes Untertanen dagegen wurden zu Dornen, damit sie ihre Königin weiterhin beschützen konnten.

In der immensen Rosen-Literatur des 19. und 20. Jahrhunderts ist die These geläufig, daß die Assoziation der Rose mit Aphrodite, mit der heidnischen Sinnlichkeit und mit den öffentlichen Christenverfolgungen unter Nero und

Der Kontrast zwischen der strahlenden Schönheit der Rosen und ihrem dunklen, düsteren Blattwerk erinnert an viele Traditionen, wie beispielsweise das Schmücken des Sarges eines geliebten Menschen mit einer prächtigen Rosendecke.

anderen rosenliebenden Kaisern der Grund dafür war, daß bis zum Aufkommen des Marienkultes etwa im 9. Jahrhundert im Christentum eine Aversion gegen Rosen bestand. Diese Behauptung zählt wohl zu den Geschichten, die von Buch zu Buch weitergereicht werden und jeder Grundlage entbehren. Tatsächlich ist es genau umgekehrt, denn die Rosen spielen in der frühen christlichen Überlieferung eine wichtige Rolle. Der später heiliggesprochene Kirchenautor Clemens von Alexandria (ca. 150–ca. 215 n. Chr.) verurteilte zwar das Tragen von Rosenkränzen, aber gegen die Rose selbst hatte er nichts einzuwenden. Bereits im vierten Jahrhundert nach Christus betrachtete der heilige Ambrosius rote Rosen als Symbol für das von Märtyrern vergossene Blut und die Rosendornen als Sinnbild der erduldeten Leiden.

Die Geschichten aus dem Leben vieler Märtyrer und Heiliger strotzen förmlich von Rosen. Eine der frühesten davon rankt sich um St. Cecilia, deren Vater ihre Ehe mit einem jungen Römer namens Valerian arrangiert hatte. Nach der

In der heutigen Schnittblumenmode sind feste, sich gleichmäßig öffnende Blütenknospen beliebter als runde, zerzauste Rosen, denn mit ihnen lassen sich üppige und dennoch geordnete Arrangements herstellen.

Hochzeitszeremonie eröffnete sie ihrem frisch angetrauten Ehemann in der Stille des Brautgemachs, daß sie von einem Engel besucht worden sei, dem sie ewige Keuschheit gelobt habe. Valerian entgegnete, daß er ihr glaube und ihr Gelübde akzeptiere, wenn auch er den Engel sehen könne. »Erst laß dich taufen und werde ein Christ«, antwortete Cecilia. Valerian willigte ein. Er ließ sich vom Bischof von Rom taufen, und bei seiner Rückkehr sah er, wie der Engel seiner Frau eine Krone aus weißen Rosen aufs Haupt setzte. Dann krönte der Engel auch ihn, und zwar mit roten Rosen. Aber an dieser Stelle endet die Geschichte noch nicht.

Rote Rosen sind, nach den Worten des St. Ambrosius, das Zeichen des Martyriums. Valerian und sein Bruder wurden beide zu frommen Christen, und sie kümmerten sich gemeinsam um die Leichen ihrer christlichen Brüder und Schwestern, die bei den Christenverfolgungen ermordet worden waren. Für diese gute Tat wurden sie selbst hingerichtet, und Cecilia verurteilte man zum Tode, nachdem sie ihren Mann und ihren Schwager begraben hatte. Die römische Justiz ließ vor der Tür und den Fenstern ihres Bades Feuer legen, um

Sowohl die Landschaft der Cotswold Hills als auch Rosen haben etwas Märchenhaftes – beide zusammen können ihre Wirkung nicht verfehlen.

Cecilia darin ersticken zu lassen. Aber auf wundersame Weise überlebte sie mehrere Tage, die sie singend verbrachte – deshalb ist sie auch die Schutzheilige der Musik. Schließlich ließ man sie enthaupten, wobei einige Legenden besagen, daß sie noch weitere drei Tage lebte, bevor sie für immer die Augen schloß und sich dorthin begab, wo Engel singen und Rosen ewiglich blühen.

Eine spätere, wesentlich unblutigere Erzählung handelt von der heiligen Elisabeth, die im 13. Jahrhundert als Königin von Ungarn den Armen regelmäßig Brot brachte, das sie unter ihrer Schürze verbarg, und somit das Gebot ihres Mannes mißachtete, der solche mildtätigen Werke untersagt hatte. An einem bitterkalten Wintertag, als es nirgends blühende Blumen gab, ertappte ihr Mann sie auf einem ihrer barmherzigen Botengänge. Er geriet in Wut und verlangte Auskunft darüber, was sie mit sich trage. »Blumen«, log Elisabeth in der Hoffnung, seinem Zorn zu entgehen. Er riß ihre Schürze herunter, doch heraus fielen keine Brotlaibe, sondern Dutzende von Rosen in wunderbar leuchtenden Farben, die mit herrlichem Duft die Winterluft erfüllten.

In der Roseraie de l'Hay findet man eine Vielzahl von Arrangements, von denen jedes einen bestimmten Stil, Typus oder historischen Aspekt der Rose vollendet verdeutlicht.

Aber die wichtigste Symbolbedeutung der Rose in der christlichen Mythologie betrifft Christus und die Jungfrau Maria, wobei die dazugehörigen Assoziationen Elemente aus der früheren Mythologie um Adonis und Aphrodite reflektieren.

Nach St. Bernhard von Clairvaux standen die fünf Blütenblätter der Hundsrose (*Rosa canina*) für die fünf Kreuzigungswunden Christi – die Stellen, an denen die Nägel seine Hände und Füße durchbohrten und wo die Lanze seine Seite durchstach. In einer anderen Interpretation symbolisieren die fünf Blütenblätter die fünf Sinnesorgane Christi während seiner Menschwerdung. Der Scholastiker Albertus Magnus vertrat die Ansicht, daß vor dem Tode Christi alle Rosen weiß gewesen seien, und erst das von Christus zur Erlösung der Menschheit vergossene Blut habe rote Rosen hervorgebracht. Eine andere Legende besagt, daß auch die gelben Rosen ihre Existenz den Leiden Christi verdanken, denn sie wurden durch den Rost der Eisennägel verfärbt, mit denen

OBEN: *Im Parc Floral d'Apremont bei Nevers verkörpert ein von üppigem Grün umgebener Rosenbusch den Zauber des Unerwarteten und Schönen.* GEGENÜBER: *In Sissinghurst Castle in Kent, einem wundervollen Garten, der sowohl Tradition als auch Innovation in sich vereint, gibt es weit mehr als nur alte und neue Rosen zu sehen.*

man Jesus ans Kreuz schlug. Über die Dornenkrone erfahren wir, daß sie aus dornigen Rosenzweigen gefertigt war, von denen man zuvor die Blüten entfernt hatte im bewußten Gegensatz zu den Kronen der Caesaren, die Rosenkronen trugen, von denen man die Dornen entfernt hatte.

Die Verbindungen zwischen Rosen und der Jungfrau Maria sind sogar noch vielfältiger. St. Ambrosius schrieb, daß die Rose als einzige Blume nicht auf der Erde, sondern im Himmel entstanden sei. Dort besaß sie noch keine Dornen, aber als Adam sich versündigte, fiel sie auf die Erde herab und war fortan mit scharfen Dornen ausgestattet, die uns auf schmerzhafte Weise an unsere Missetaten und Vergehen erinnern sollen. Zugleich sollen aber ihre Schönheit und ihr Duft uns Hoffnung auf Erlösung und auf das himmlische Paradies schenken. (Christus nennt man bekanntlich auch den Neuen Adam.) Eine andere Legende besagt, daß Eva vor dem Sündenfall im Garten Eden eine weiße Rose küßte, die sich daraufhin rot verfärbte. In einer Variante ist die Rose Evas Lieblingsblume, die auch von ihr benannt wurde und sich bei Evas Vertreibung aus dem Paradies rötete. Das Christentum des 12. Jahrhunderts

Die bemerkenswerte Rose Mme. Caroline Testout erhielt ihren Namen passenderweise nach einer Modeschöpferin des späten neunzehnten Jahrhunderts.

bezeichnet Maria als »Rose ohne Dornen«, denn ihre unbefleckte Empfängnis bewahrte sie vor der Erbsünde, dem Los aller Menschen. Die weiße Rose war das Symbol für Marias Reinheit, die gelbe Rose stand für ihre Weisheit und die rote Rose erinnert an ihren Kummer während der Kreuzigung ihres Sohnes.

Als sich der Marienkult im Mittelalter immer weiter entwickelte, wurde auch Maria mit immer mehr Legenden in Verbindung gebracht, in denen Rosen eine Rolle spielen. Viele Gemälde und Altarbilder zeigen sie zusammen mit dem Jesuskind in einem Garten, oft einem Rosengarten, der von hohen Hecken oder Mauern umgeben ist – ein ikonografisches Motiv, das ihre Jungfräulichkeit andeutet. Auf bildlichen Darstellungen von Mariä Himmelfahrt wachsen meist weiße Lilien und rote Rosen auf wundersame Weise um ihre Grabstätte, und in den Krönungsdarstellungen im Himmel dienen ihr Kränze aus vollerblühten Rosen als Krone.

Dieser elegante Strauch mit seinen unterschiedlichen Entwicklungsstadien – von der geschlossenen Knospe bis zur vollerblühten Blüte – rechtfertigt alle Lobeshymnen auf die Rose. FOLGENDE DOPPELSEITE: *Als sich Dornröschen in den Finger stach und in Schlaf fiel, wuchsen um das Schloß herum riesige Rosenhecken, deren Dornen das Schloß und seine Bewohner hundert Jahre vor der Außenwelt abschirmten.*

Bei jedem Wetter schlendern Rosen- und Monet-Bewunderer durch Monets kürzlich restaurierten Garten in Giverny.

und der Inkarnation Gottes in Jesus Christus. Er erfährt die Gegenwart Gottes selbst, der als allmächtige Liebe verstanden wird, die die Sonne und die Sterne bewegt sowie alles Geschaffene seit Anbeginn und in Ewigkeit und ohne Versiegen der göttlichen Kraft. Diese mystische Rose ist es, die Dante aus dem finstren Wald der Irrungen und ihrer traurigen Folgen zur Erlösung durch Gottes Gnade erhebt.

Dantes Vision der Rosa mystica findet sich in der Architektur in den Steinrosetten und bei den Buntglas-Rosenfenstern der gothischen Kathedralen wieder. Sie symbolisieren nicht nur das Göttliche, die Ewigkeit und das ewige Licht, sondern auch die Jungfrau Maria. 1912 schrieb Henry Adams in seinem Buch *Mont-Saint-Michel and Chartres*, der gotische Architekt »erahnte den Wert der Rose in der Kunst, und wahrscheinlich noch deutlicher in der Religion, denn die Rose war das Symbol Marias. Man kann davon ausgehen, daß die

Die Rose ist aufgrund ihrer Vollendung häufig zum Symbol der Schönheit, des Wunderbaren und der Hoffnung gemacht worden.
GEGENÜBER: *Dieser idyllische Platz in Hidcote Manor in Gloucestershire erlaubt es Besuchern, inmitten von Rosen zu verweilen.*

große Rosette in der Westfront der Kathedrale von Chartres Maria erfreuen sollte, da sie die Rose stets vor Augen hatte – das Auffälligste, das sie vom Hochaltar aus sah . . .«.

Die Rose hat sich, was ihre Bedeutung angeht, als so unerschöpflich gezeigt, daß die Verbindungen zu Christus und Maria nie all die anderen, viel menschlicheren und sogar erotischen Symbole verdrängen konnten. Die himmlische Liebe, die die frühen Christen mit dem griechischen Ausdruck *Agape* (lateinisch *Caritas*) beschrieben, war nie völlig von der freieren erotischen Liebe getrennt. Ungefähr zur gleichen Zeit, als Dante seine *Commedia* verfaßte, die die Rosa Mystica als Sinnbild der Kirche feierte, entstand in altfranzösischer Mundart ein anderes großes Werk der Dichtung – der *Roman de la Rose* (Rosenroman). Dieser allegorische Versroman (dessen erster Teil von 4000 Versen um 1236 von Guillaume

Im Spetchley Park in England gewährleistet eine sorgfältige Wahl der angepflanzten Blumen nicht nur einander überschneidende Blütenperioden, sondern auch die ungestörte Entwicklung der hohen Bartiris im Schatten eines Rosenbogens.

de Lorris und dessen zweiter Teil mit 14 000 Versen von Jean de Meung um 1280 verfaßt wurde) erzählt die Geschichte eines Liebenden, der sich durch einen Irrgarten voller Hindernisse zu seiner Rose vorkämpft, die er als Verkörperung der Perfektion besitzen will. Trotz der Allegorien und anderer Symbolebenen ist der triumphale Schluß, bei dem der Dichter zur Erlangung seines Ziels seine Scheu überwindet, eindeutig sexuell und bezieht sich auf die Defloration einer Jungfrau. Der Dichter ergreift den Rosenstrauch mit beiden Händen, wobei er den Dornen sorgsam ausweicht. Er pflückt die Knospe, liebkost die Blütenblätter und öffnet schließlich die Rose, um seinen eigenen Samen in die Blume zu ergießen – die ihm ihrerseits Gefühle der Ekstase und der Freude übermittelt.

Nur selten sind der Rose gewidmete Gedichte so offen sexuell wie die letzten Verse des *Roman de la Rose*. Die meisten sind eher amourös und preisen mittels der Rose die Vorzüge, die Schönheit und den Charme der

In einer Ecke von Cranborne Manor in Dorset bilden Farne und Moose einen romantischen Hintergrund für einen Schauer aus Kletterrosen.

Angebeteten. (Der Liebende ist stets männlich, während die Person, die geliebt wird, immer weiblich ist. Die Rose ist beinahe in der ganzen westlichen Welt weiblich; lediglich im arabischen Kulturkreis, in dem es heißt, daß duftende Rosen aus dem Schweiß Mohammeds entstanden, ist sie männlich.) Die folgenden Zeilen aus einem Gedicht von Thomas Campion (1567–1620) sind recht typisch für diese Art der Liebespoesie:

In ihrem Antlitz ist ein Garten,
Rosen und Lilien wachsen dort
und Früchte reifen immerfort:
mich wird ein Paradies erwarten.

Die Gefühle darin sind zwar menschlicher und weltlicher Natur, aber sie reflektieren auch einige alte religiöse Überlieferungen: Man schrieb Eva die Benennung der Rose im Garten Eden zu, und auf der Grabstätte der Jungfrau Maria wuchsen angeblich Rosen und weiße Lilien. Robert Burns schmeichelte

Durch sorgfältige Überlegungen in bezug auf Winterhärte, Farbe und Blütedauer erhält man einen Garten, der das Auge erfreut.

seiner Angebeteten, indem er sie mit einer »roten, roten Rose« verglich, während Ben Johnson uns im zweiten Vers seines Gedichts *Song: To Celia* den Eindruck vermittelt, daß Celia über die bemerkenswerte Gabe verfügt, einem Kranz vergänglicher Rosen ewige Beständigkeit und einen Duft zu verleihen, der den der Rosen übertrifft:

> Ich übersandte dir kürzlich ein Rosengebinde,
> nicht so sehr um dich zu ehren,
> als vielmehr um ihm eine Hoffnung zu geben, daß es
> bei dir nicht verwelken würde.
> Aber du hauchtest nur darauf
> und sandtest es mir zurück:
> Seither wächst es und duftet es, ich schwör's,
> nicht nach sich selber, sondern nach dir.

Aber die Botschaft der Rose hat meist die Vergänglichkeit der Liebe zum Inhalt und die Notwendigkeit, sie festzuhalten und sie zu erklären, bevor Jugend und Schönheit unwiderruflich und allzubald dahinschwinden. Edmund Spenser schrieb 1590 in seinem Gedicht *The Faerie Queen*:

Die harmonische Beziehung zwischen Kunst und Natur zeigt sich in Monets Garten in Giverny, wo die frischen Pastelltöne der Rosen an die Palette des Malers erinnern.

Die Rose pflückt, eh Stürme sie gefährden,
bald kommt das Alter, ihre Pracht zerfällt;
der Liebe Rosen pflückt, solang auf Erden
mit gleicher Kraft ihr liebt, ihr hofft geliebt zu werden.

Auch Robert Herrick vermittelt mit seinem Gedicht *To the Virgins, to Make Much of Time* (1648) diese Botschaft, allerdings nicht ganz so zurückhaltend:

Pflücke die Knospe, solange es geht,
und die Blüten, wenn sie aufgegangen.
Denn bald sind die Rosenblätter verweht.
Wie schnell kommt der Tod gegangen.

Einen interessanten Disput über die Vergänglichkeit von Jugend und Schönheit finden wir in dem Gedichtpaar *The Passionate Shepherd to his Love* von Christopher Marlowe (1599) und *The Nymph's Reply to the Shepherd* von

OBEN: *Diese scheinbar in der Luft schwebenden Rosen in der Roseraie Bagatelle in Paris umranken Seilstränge und bilden so eine prächtige und effektive Umzäunung.*
GEGENÜBER: *In Chipping Camden macht diese Kaskade gelber Rosen aus einer Hauswand ein Stück großartigen Garten.*

Sir Walter Raleigh (1600). Der Hirte in Marlowes Gedicht bittet die Nymphe: »Komm leb' mit mir und sei mein Lieb' . . .«

ich mache dir ein Bett aus Rosen,
wo tausend Sträuße duftend glosen,
ein' Kranz aus Blüten und einen Rock,
bestickt mit Blättern vom Myrtenstock.

Der von Leidenschaft erfüllte Hirte spricht, als währe jugendliche Liebe ewig, aber Raleighs Nymphe belehrt ihn eines besseren:

Deine Kleider, die Schuhe, dein Bett aus Rosen,
dein Kranz, dein Rock, die Blüten, die prangen
zerbrechen, verwelken, sind bald vergessen –
in Torheit gereift, in Vernunft vergangen.

Dichtung und Sage stehen zwar in engem Zusammenhang, sie unterscheiden sich aber dennoch. Der Dichter kann beim Namen genannt werden, und es ist im allgemeinen die Dichtung, die jene Art der Unsterblichkeit schafft, die

Die Rosen, die von den verwitterten Mauern stürzen, tragen zum Ruf von Scotney Castle bei, Englands romantischste Gartenlandschaft zu besitzen.

entsteht, wenn jemandes Werke seinen physischen Tod überdauern. Sagen sind dagegen anonym, das Ergebnis der Ausgestaltung von Überlieferungen durch viele Menschen vieler Generationen. Auch die Rose hatte ihren Platz in der Sagenwelt, wenn auch die meisten ihrer Symbolbedeutungen zusammen mit der Tradition der mündlichen Überlieferung von Märchen und Geschichten in unserer heutigen modernen Welt verschwunden sind. Volksbrauchtum findet man heutzutage eher in Bibliotheken, und seine Bedeutung als aktives Element der menschlichen Gemeinschaft hat es größtenteils verloren. Darüber hinaus hat der Volksmund über die Rose oft Widersprüchliches zu berichten. Ein Beispiel mag zur Veranschaulichung genügen: In Schottland betrachtete man es bis zur Mitte des 19. Jahrhunderts als schlechtes Omen, wenn eine Braut in ihrem Brautstrauß rote Rosen hatte. Eine mögliche Erklärung für diesen Aberglauben liegt in der Furcht, daß die Braut dann früh sterben müsse, denn Rosen stehen in Verbindung mit dem Tod. (Dieser Gedanke geht auf Adonis und auf Christus zurück, aber er reicht noch weiter: In der Schweiz umschreibt man einen Friedhof seit langer Zeit euphemistisch mit »Rosengarten«.) Eine andere

Diese voll erblühten Rosen wirken anmutig und zauberhaft, aber ihre spitz zulaufenden Blütenblätter erinnern an die Dornen darunter.

schottische Überlieferung besagt dagegen, daß es dem Brautvater Glück bringe, seiner Tochter ein Bukett mit roten Rosen als Brautstrauß mit in die Ehe zu geben.

Der alte Volksglaube ist nicht immer besonders logisch, aber dennoch kann er Faszination ausüben. Aus der englischen Überlieferung stammt die folgende Anleitung: Wenn eine Frau am Vorabend des Johannistages drei Rosen pflückt und eine davon unter einer Eibe vergräbt, die zweite in einem Grab und die dritte unter ihr Kopfkissen legt und darauf schläft, dann wird dies einen untreuen Geliebten zurückbringen. Ein anderes Stückchen Volksgut empfiehlt, zur Bestimmung des wahren Geliebten die Blütenblätter einer Rose mit den Namen der Verehrer zu bezeichnen und in Wasser zu legen: Das Blütenblatt, das am längsten auf der Oberfläche treibt, gibt die gewünschte Auskunft. In der bulgarischen Überlieferung verbindet man mit Rosen eher Hexen als Liebende.

OBEN: *Die unbestreitbare Eleganz, Grazie und Würde dieses Anblicks entsteht aus der Mischung von Klassizismus, Sonnenlicht und Rosen.*
GEGENÜBER: *Bestimmte Rosen sind hervorragend gerüstet, Bäume zu erklimmen und sie auf ungewöhnliche Weise zu schmücken.*

Diese Harmonie von Form und Schönheit verleitet zu der Annahme, daß die Wand dieses Hauses auf der Isle of Wight schon seit Generationen von Rosen geschmückt wird.

Sir James George Frazer berichtete in seinem Buch *The Golden Bough* von der bulgarischen Sitte, die Kühe am Sankt-Georgs-Tag über schwelende Rosenblütenblätter zu treiben, um sie vor Hexen zu schützen. Am gleichen Tag befestigte man Bündel von Rosenzweigen an den Scheunentoren, damit die Hexen nicht auf ihnen durch die Lüfte fliegen konnten.

Aber in keiner Volksüberlieferung spielt die Rose eine solch überragende Rolle wie im Märchen von Dornröschen. Dieses Märchen wurde von den Gebrüdern Grimm aufgezeichnet und in seine endgültige Form gebracht, und es erzählt von einem Königspaar, das sich seit langer Zeit ein Kind wünscht. Als sie schon fast alle Hoffnungen aufgegeben haben, bekommen sie ein Mädchen, das sie Dornröschen nennen. Um die Geburt zu feiern, bitten sie die Feen des Königreichs zu einem Fest. Da es aber dreizehn Feen im Reich gibt (eine Unglückszahl), das Königspaar aber nur zwölf Gästeteller besitzt, wird eine der Feen nicht eingeladen. Beim Essen spricht jeder der Gäste einen Wunsch für das Kind aus, der natürlich in Erfüllung geht, da Feen übernatürliche Kräfte besitzen. Als die zwölfte Fee gerade ihren Wunsch äußern will, tritt die dreizehnte herein, um sich ebenfalls mit einem Wunsch für die erlittene Kränkung zu rächen: Die Königstochter soll sich in ihrem fünfzehnten Jahr an einer Spindel stechen und sterben. Aber die zwölfte Fee hat ihren Wunsch noch nicht ausgesprochen, und da sie zwar den bösen Spruch der dreizehnten Fee nicht aufheben, ihn aber mildern kann, bestimmt sie, daß die Königstochter nicht sterben, sondern in einen hundertjährigen tiefen Schlaf fallen soll. Das Königspaar will kein Risiko eingehen und erteilt den Befehl, daß alle Spindeln im Land verbrannt werden sollen. Aber an ihrem fünfzehnten Geburtstag entdeckt die Königstochter eine verborgene Tür im Schloß. Sie steigt eine Treppe hinauf und gelangt in einen kleinen Raum, in dem eine alte Frau sitzt und spinnt. Als Dornröschen die Spindel berührt, sticht sie sich in den Finger, und als die ersten Blutstropfen erscheinen, fällt sie in einen tiefen Schlaf. Ihre Eltern bringen sie ins Bett, und während sie dort schläft, fällt auch jeder im Schloß in Schlaf. Der Koch erstarrt beim Teigkneten, das Feuer im Herd erlischt, und auch der König und die Königin schlafen ein.

Dieser mittelalterliche Vers beschreibt die gefransten Kelchblätter einer Rose: Sommertags bei schwülem Wetter / waren fünf Brüder geborn / zwei hatten Bärte und zwei hatten keine / und der fünfte die Hälfte davon.

Rings um das Schloß beginnt eine Dornenhecke zu wachsen, die bald das gesamte Schloß in ihrer festen und dornigen Umarmung hält. Inzwischen verbreitet sich im Land das Gerücht, daß innerhalb des Rosendickichts eine wunderschöne Prinzessin schlafe, die durch den Kuß eines Prinzen erweckt werden könne. Im Lauf der Jahre versuchen viele Prinzen, die Rosenhecke zu durchdringen, doch alle sterben dabei. Aber an dem Tag, als die hundert Jahre gerade verflossen sind, nähert sich wieder ein Königssohn der Dornenhecke, in der zum ersten Mal lauter schöne Rosen blühen. Die Rosenhecke öffnet sich ihm und läßt ihn ins Schloß, ohne ihn oder seine Kleider auch nur zu ritzen. Er findet Dornröschen und küßt sie. Die Prinzessin erwacht, und mit ihr der gesamte Hofstaat. König und Königin öffnen ihre Augen, das Feuer in der Küche flackert wieder auf, und der Koch knetet seinen Teig weiter. Dornröschen und ihr Prinz heiraten, und sie leben vergnügt bis an ihr Ende.

Die Geschichte ist einfach zauberhaft. Meine Mutter mußte sie mir immer wieder vorlesen, als ich ein Kind in Texas war, und obwohl es dort weder Schlösser noch Königspaare oder gar Feen gab, war ich jedesmal fasziniert. Später habe ich die Geschichte dann meinen eigenen Kindern vorgelesen. Zu

Solche über Nacht aufgebrochenen gelben Wunder rühren das Herz aus Gründen, die der Verstand nicht kennt.

dieser Zeit hatte ich bereits viel von Sigmund Freud und etwas von C. G. Jung gelesen – genug, um zu merken, daß das Märchen eine psychologische Deutung geradezu verlangt. Zunächt einmal fällt die Zahlensymbolik ins Auge – zwölf Teller, die feindselige dreizehnte Fee, die wohlwollende zwölfte Fee und der Umstand, daß sie den Fluch mildern konnte, der fünfzehnte Geburtstag der Prinzessin und der hundertjährige Schlaf. Auch die erotischen Anspielungen in der Geschichte sind schon fast peinlich direkt. Das fünfzehnte Jahr markiert das Ende der Pubertät und das Erwachen der Sexualität. Die Rosenhecke um das Schloß schützt eine Jungfrau, womit das Bild der Jungfrau Maria aufgegriffen wird, die abgeschirmt in einem Garten sitzt. Das Erblühen der Rosenknospen und der bereitwillige Empfang, den die Hecke dem Prinzen bereitet, der die schlafende Prinzessin mit einem Kuß weckt, symbolisieren den Beginn der sexuellen Reife und das Ende der Jungfräulichkeit, die so lange und so gut bewahrt wurde. Und der Weg durch das Dornendickicht, den der Prinz unversehrt geht, um dann sein eigenes Dornröschen zu finden und festzuhalten, hat die gleiche sexualpsychologische Bedeutung wie im *Roman de la Rose*.

Ganz im Sinne von Candace Wheeler kann man in der Rose »eine innere Faszination, eine zarte Kraft, einen versteckten Zauber entdecken, die nur sie und keine andere Blume besitzt . . .«.

Rosen waren nicht nur religiöse oder erotische Symbole, sondern sie hatten auch politische Bedeutung. Englands Rosenkriege (1455–1485) mögen zwar einen hübschen Namen besessen haben – soweit das bei Kriegen überhaupt möglich ist –, aber der Konflikt wurde mit äußerster Härte ausgetragen und brachte das Land an den Rand der Anarchie. Dieser Bürgerkrieg brach während der Herrschaft des unfähigen Königs Heinrich VI. (1421–1471) aus, der im Alter von nur einem Jahr zum König ernannt wurde, so daß das Land viele Jahre von einem Vormund regiert wurde. Aber auch nachdem Heinrich schließlich nicht mehr nur dem Namen nach König war, gelang es ihm nicht, die rivalisierenden Häuser York und Lancaster unter Kontrolle zu bringen. Das Haus York führte in seinem Wappen eine weiße Rose und das Haus Lancaster eine rote. Shakespeare schildert in seinem Drama *Henry VI.* die Szene im Garten des Tempels in London, wo Richard Plantagenet aus dem Hause York die anwesenden Adligen auffordert, die weiße Rose zu wählen und ihm zur Seite zu stehen, während der Graf von Somerset aus dem Hause Lancaster dieselbe Forderung stellt.

Hier auf dem Forum Romanum erinnert die vergängliche Pracht der Rosen an den Fall der Mächtigen.

Shakespeare malte sich aus, welche Worte an diesem entscheidenden Punkt der englischen Geschichte fielen:

Plantagenet:
Es pflücke, wer ein echter Edelmann
Und auf der Ehre seines Bluts besteht,
Wenn er vermeint, ich bringe Wahrheit vor,
Mit mir von diesem Strauch 'ne weiße Rose.
Somerset:
So pflücke, wer kein Feiger ist noch Schmeichler
Und die Partei der Wahrheit halten darf,
Mit mir von diesem Dorn 'ne rote Rose.
Warwick:
Ich liebe Schminke nicht; ohn' alle Schminke
Der kriechenden, gewandten Schmeichelei
Pflück ich die weiße Rose mit Plantagenet.
Suffolk:
Mit Somerset pflück ich die rote Rose.

Das Ergebnis hielt Shakespeare in Warwicks Kommentar fest:

(. . .) der heutge Zank,
Der zur Parteiung ward im Tempelgarten,
Wird zwischen roter Rose und der weißen
In Tod und Todsnacht tausend Seelen reißen.

In dem darauffolgenden Bürgerkrieg wechselten die Machtverhältnisse ständig. 1461 bestieg Eduard IV. aus dem Hause York den Thron, starb aber nach zehnjähriger Herrschaft und hinterließ zwei unmündige Söhne. Deren Onkel ließ die beiden in den Tower werfen und dort vermutlich auch beseitigen; er selbst nahm sich die Krone als Richard III. Nachdem Richard 1485 in der Schlacht bei Bosworth geschlagen und getötet worden war, kam Heinrich VII. an die Macht, der die beiden Häuser Lancaster und York durch seine Heirat mit Elizabeth von York vereinigte. Das neue Herrscherhaus erhielt eine eigene Wappenblume, die Tudor-Rose, deren innere weiße Blütenblätter von tiefroten Blütenblättern umgeben sind. Die sogenannte »York-und-Lancaster-Rose«, in der sich weiße und magentafarbene Blütenblätter etwas wirr mischen, entstand einhundert Jahre später, als die durch Bürgerkriege und dynastische Kämpfe geschlagenen Wunden längst verheilt waren.

Die Rose wurde auch als Symbol für Staaten und kleinere politische Organisationen verwendet. Sie ist die Nationalblume von Großbritannien, Honduras, vom Iran und Rumänien sowie der Tschechoslowakei und damit sicher eine von nur wenigen Gemeinsamkeiten dieser Länder. In den Vereinigten Staaten ist die Rose seit langem das Symbol der Bundesstaaten Georgia, Iowa und North Dakota sowie des Distrikts Washington, D.C. Im Jahre 1959 wurde dem amerikanischen Kongreß ein Antrag vorgelegt, nach dem die Rose zur Nationalblume erhoben werden sollte. Das Gesetz kam allerdings nicht zustande, wahrscheinlich aufgrund der Kampagne des (meiner Meinung nach schlecht beratenen) Senators Everett Dirksen, der die Ringelblume favorisierte, und vielleicht auch aufgrund anderer, besonnenerer Stimmen, die die Yucca-Palme vorschlugen – eine charakteristische und edle Pflanze Nordamerikas. Dennoch wurde die Rose 1986 zur offiziellen Blume der Vereinigten Staaten ernannt, als der Kongreß den Antrag der Abgeordneten Lindy Boggs und des Senators Lloyd Bentsen einstimmig beschloß. Daraufhin wählten im ganzen Land zahlreiche Städte, wie Pasadena in Kalifornien und Portland in Oregon, die Rose

Auch diese schon fast verblühten, zart burgunderroten Blütenblätter vermögen noch das Auge des Betrachters zu fesseln und ihm einen philosophischen Seufzer zu entlocken.

zu ihrem Emblem. Bei dieser jungen Nationalblume handelt es sich aber nicht um eine bestimmte Rose, sondern um die Gattung allgemein.

Mit dem viktorianischen Geist des 19. Jahrhunderts wurde der umfassendere politische und theologische Symbolgehalt der Rose in Amerika und Großbritannien von einer Welle der Sentimentalität hinweggespült, bei der es um die Beziehung zwischen den Geschlechtern ging. Man entwickelte ein kunstvolles Vokabular, eine Sprache der Blumen. Das Überreichen einer bestimmten Blume vermittelte eine bestimmte Botschaft, die sich jedoch dadurch verändern konnte, daß man die Blume mit der Blüte nach unten übergab oder statt mit der rechten Hand mit der linken. Die Verbindung, die man zwischen einer besonderen Blume und einer bestimmten Bedeutung oder Botschaft sah, ist für uns heute schwer nachzuempfinden. Warum die Pimpernelle zum einen »Veränderung« und zum anderen »Zuwendung« bedeuten konnte oder warum die Ananas die Aussage »Du bist vollkommen« vermittelte oder warum die amerikanische Pechkiefer den Begriff »Philosophie« symbolisierte – diese Fragen bleiben rätselhaft. Aber im 19. Jahrhun-

In der christlichen Überlieferung symbolisieren rote Rosen das von Märtyrern vergossene Blut. In der römischen Mythologie entstanden die roten Rosen, als Cupido einen Pokal voller Wein verschüttete.

dert gab es eine Unzahl Bücher über die Sprache der Blumen, und viele davon waren Bestseller.

Sarah Josepha Hales Buch *Flora's Interpreter and Fortuna Flora*, das 1856 in Boston veröffentlicht wurde, kann als repräsentatives Beispiel dienen. Laut Mrs. Hale bedeutete die burgunderrote Rose »Schlichtheit und Schönheit«, und eine frische weiße Rose stand für »Trauer«. Falls sie aber verwelkt war, überbrachte sie die Botschaft »Verzweiflung«. Eine gelbe Rose bat »Laß uns vergessen«. In *Flora's Interpreter* finden wir die Botschaften von über dreißig weiteren Rosensorten, woraus aber auch deutlich wird, daß zwei Liebende, die sich mit Hilfe von Blumen Botschaften übermitteln wollten, unbedingt das gleiche Codebuch besitzen mußten. Denn ein anderes Werk – *Flora's Lexicon* (Boston 1858) von Catherine H. Waterman – stellt ohne Umschweife fest, daß das Übersenden einer gelben Rose die oder den Geliebten der Untreue anklage.

Obwohl diese Bücher stets zahlreicher und beliebter wurden (Plagiate waren weitverbreitet), schwand die Möglichkeit, daß jede bestimmte Rose eine bestimmte Bedeutung haben konnte. Das lag zum Teil daran, daß die Rosenzüchter in den ersten Jahrzehnten des 19. Jahrhunderts die Zahl der Rosen so explosionsartig steigerten, daß die riesige Menge möglicher Botschaften für Liebende einfach unüberschaubar wurde.

Aber es gab noch einen viel grundsätzlicheren Grund dafür, daß die Vorstellung von Blumensprache, von einem Bedeutungssystem zwischen dem Pflanzenreich und dem Menschen zerbrach. Seit der Zeit der griechischen Götter und der Vegetations-Halbgötter Kleinasiens wie Adonis oder Dionysos durch das Mittelalter bis hin zur Renaissance hatte der Mensch glauben dürfen, daß Pflanzen eine entzifferbare und begreifbare Bedeutung haben. Die in der Medizin entstandene »Signaturenlehre« der mittelalterlichen Ärzte und Kräuterkundigen vertrat die These, daß Gott jeder Pflanze bestimmte heilende Fähigkeiten verliehen habe, die sich an ihr ablesen ließen. So galt eine Pflanze mit herzförmigen Blättern als Mittel zur Behandlung von Erkrankungen des Herzens, und mit nierenförmigen Blättern ließen sich Nierenkrankheiten kurieren. Der Mensch stand im Zentrum der Schöpfung und war in der Lage, die ihr

Eine eigenwillige Steinmauer, eine schwarze Schale, ein weißer Zaunpfosten – sie alle verbindet die flutende Üppigkeit dieser Rosen.

innewohnenden Bedeutungen und Botschaften zu entdecken. Wir durften uns an der Rose erfreuen, da sie zu unserer Freude und sogar zu unserer religiösen Erbauung erschaffen worden war.

Inzwischen wissen wir es besser. Zum einen war die Symbolsprache der Pflanzen nicht in jeder Kultur dieselbe. Die Chinesen, die Rosen in ihren Gärten züchteten, welche im frühen 19. Jahrhundert mit ihren Genen die Rosen in Europa und Amerika radikal veränderten, konnten nicht die geringste Bedeutung in Rosen entdecken. In China, wo Chrysanthemen und Päonien und selbst Buschklee voller Symbolgehalt sind, bedeutete die Rose nichts, vermittelte nichts, hatte absolut nichts zu sagen. Dieser kulturelle Unterschied zeigt deutlich, daß wir die Botschaft, die wir in Blumen zu vernehmen glauben, selbst in sie hineingelegt haben. Blumen lassen sich verwenden, aber sie haben uns nichts mitzuteilen.

Im Jahre 1859, ein Jahr nachdem *Flora's Lexicon* herausgegeben wurde, erschien Charles Darwins Werk *Von der Entstehung der Arten.* Es fügte dem

Im sanften Sonnenlicht zeigt diese Floribunda-Rose eine Reinheit und einen Stil, die ihrem Namen – Ivory Fashion – gerecht werden.

Versuch der Menschheit, die Welt zu vermenschlichen, die zweite tödliche Wunde zu. Den ersten Hieb hatte dieses Unterfangen im späten 18. Jahrhundert durch Linnés Systematisierung der Pflanzen bekommen, die auf der Erkenntnis aufbaute, daß die Blüten blühender Pflanzen Sexualorgane waren – Teil der Möglichkeiten, die Pflanzen zur Vermehrung offenstehen. Eine Rose war nicht länger ein Symbol der Sexualität: Sie selbst war sexuell.

Der englische Geistliche Ellacombe erkannte den revolutionären Einfluß von Darwins Theorie der Evolution durch natürliche Auslese auf unsere Sicht der Pflanzenwelt. In seinem angenehm zu lesenden Buch *In a Gloucestershire Garden* (1895) schrieb er:

»Die alte Vorstellung, daß die Pflanzen geschaffen wurden, damit ihre Früchte und anderen Produkte dem Menschen nützlich und erfreulich seien, und zu keinem anderen Zweck als diesem, ist schon lange zunichte geworden, und wir wissen nun, daß sich das ganze Leben der Pflanze nur auf ein Ziel richtet,

Diese Rankrosen in der Roseraie Bagatelle in Paris finden nicht nur auf gewöhnlichen Pergolas Halt, sondern wachsen auch über Seilgirlanden von Pfahl zu Pfahl.

> nämlich die Bildung von Samen zur Erhaltung der Art. Die Pflanze exisitert nicht um ihrer schönen Blüten willen, sondern die Blüten sind nur ein Schritt bei der Bildung der Samen.«

Es sei angefügt, daß dieser freundliche, blumenliebende viktorianische Geistliche keinen Widerspruch zwischen dem Darwinismus und dem Christentum sah, denn er schrieb weiter: »Es mag für diejenigen von Interesse sein, die sich mit diesem Thema befassen, daß im Neuen Testament die Mysterien des Himmelreiches sehr oft mit den Mysterien des Samenlebens verglichen werden und daß uns dort der Große Lehrmeister selbst die Ignoranz des Menschen gegenüber so alltäglichen Dingen wie dem Wachstum eines Samenkorns aufzeigt.«

Blumen entstehen und vergehen, aber sie haben keine Bedeutung, soweit es uns Menschen betrifft. Sie haben ein eigenes, völlig anderes Publikum: Den Bienen

OBEN: *Rosen sind für öffentliche Parks von gleicher Bedeutung wie öffentliche Parks für die Zivilisation. Beides ist im französischen Tours vorhanden.*
GEGENÜBER: *Ein verheißungsvoller Garten, wenn man schon an der Pforte von solchen Rosen begrüßt wird.*

und anderen Insektenbestäubern bedeuten sie etwas. Und sie bedeuten ihresgleichen etwas, als Teilorgane zur Erhaltung ihrer Art. Wir Menschen sind bei Rosen und allen anderen Blumen Voyeure im vollen Wortsinn. Da wir die Rose mit nur zwei Augen betrachten, können wir uns gar keine Vorstellung davon machen, wie sie für eine Honigbiene mit ihren über zwölftausend Linsen – verteilt auf insgesamt fünf Augen: zwei Facettenaugen und drei einfache – aussieht, mit denen sie, anders als wir, ultraviolettes Licht wahrnimmt, aber rotes Licht nicht. Und genauso mag uns der Duft von Rosen und anderen Blumen derart erfreuen, daß wir sie zu Sträußen binden, ihre Essenzen zu Substanzen destillieren, die in Parfüms oder Speisen Verwendung finden, und mit ihnen unsere tiefsten und stärksten Gefühle und Erinnerungen verbinden, doch auch hier sind wir nur olfaktorische Zuschauer und keineswegs die Hauptdarsteller des Stücks.

Seit Darwin und der Entwicklung der modernen Biologie ist es uns nicht mehr möglich, die Rose mit den früheren Augen zu sehen. Rosen als solche

Selbst eine einzelne Kletterrose verleiht einem nüchternen Ort etwas vom Zauber eines Gartens.

haben keine Bedeutung, aber das gilt auch für die Noten einer Tonfolge, für die Zutaten von Öl- oder Temperafarben und auch für die Metaphern, mit denen wir zwei grundlegend unterschiedliche Dinge miteinander vergleichen. Die menschliche Rasse wird Bedeutungen nicht mehr entdecken können, doch sie kann sie erschaffen. Die Noten einer Tonfolge lassen sich so verwenden und anordnen, daß sie zu einer B-Moll-Messe werden. Farbe kann zu Botticellis *Geburt der Venus* werden, mit erblühenden Rosen und der Göttin der Liebe, die dem Meer entsteigt. Aus Metaphern wird vielleicht ein Bild von Gott – oder von großem sexuellem Verlangen –, eingefangen in dem Bild einer weißen, sich öffnenden Rose oder einer roten Knospe.

Und wir, die wir über Jahre viele Erfahrungen im Anlegen von Gärten, einschließlich Rosengärten, gesammelt haben, können nun Rosen hervorbringen oder zumindest unser ganzes Wissen über Pflanzen, unseren Willen und unser Können darauf richten, neue Rosen zu kreieren.

Nichts ist so fein wie die Farbe, die Struktur und die Gestalt einer Rose.

Register

(Kursive Zahlen beziehen sich auf Bildunterschriften.)

Aalsmeer 179, 181
Abercrombie, John 75
Achilles 20
Adam 200
Adams, Henry 207
Adenauer, Konrad 114
Adonis 190, 198, 215, 229
Albertine (Rose) *69, 78, 89*
Albertus Magnus 198
Albinos 168
Ambrosius, St. 195 f., 200
American Pillar (Rose) *53, 64, 113, 165*
American Rose Society 107, 152
Anakreon 20
Anglicus, Bartolomaeus 131
Anna von Österreich 19
Antonius, Marcus 149, 151
Antoniusfeuer 138
Aphrodite 20, 125, 190, 194, 198
Apicius, Marcus 145, 149
Apollo 194
Aristoteles 20
Arlene Francis (Rose) 118
Augustinus, St. 205
Austin, David 119
Ayrshire-Rosen 100

Bagatelle
siehe: Roseraie Bagatelle
bakterielle Infektionen
siehe: Schädlinge
Bambi (Rose) 118
Bauhaus 61
Begleitpflanzen 58
Benedikt, St. 205
Bentsen, Lloyd 226
Berlin 114
Bernhard von Clairvaux, St. 198, 205
Better Times (Rose) 117
Betty Prior (Rose) 43
Blake, William 21
Blanc Double de Coubert (Rose) 48
blaue Rosen 169f., 174
Blumensprache 227, 229 f.
Blush Noisette (Rose) 99
Boggs, Lindy 226
Botticelli, Sandro 21, 235
Bourbon-Rosen 94, 99, *120*
Bracciano *188*
Brandy (Rose) *91*, 117
Breck, Joseph 100, 185
Browning, Elizabeth 21
Browning, Robert 21
Bulgarien 127, 157, 160, 216
Burns, Robert 211

Callas, Maria 118
Campion, Thomas 21, 210
Canterbury (Rose) 119
Carter, Rosalynn 117
Cary Grant (Rose) 118
Cecile Brunner (Rose) 49
Cecilia, St. 195 ff.
Chablis (Rose) 117
Champagne Cocktail (Rose) 117
Champney's Pink Cluster (Rose) 98
Champney, John 98
Chartres 207
Chaucer, Geoffrey 119
Chipping Camden *213*
Christen, Christentum 21, 149, 151 f., 156, 195 f., 201, *227*, 233
Christian Dior (Rose) 117
christlicher Glaube
siehe: Christen
Christopher, Thomas 25
Christus
siehe: Jesus Christus
Chrylser Imperial (Rose) 117
Cicero 150
City of Leeds (Rose) 114
City of Norwich (Rose) 114
City of York (Rose) 114
Claire Jacquier (Rose) 99
Clemens von Alexandria 195
Climbing Peace (Rose) 43 f.
Coburg 114
Cocktail (Rose) 117
Complicata (Rose) *20, 98*
Conard-Pyle (Rosenzucht) 44
Cranborne Manor *4, 29, 117, 185, 209*
Culpeper, Nicolas 136
Cupido 190, *227*

Daisy Hill (Rose) *35*
Damaskus 156
Damaszener-Rosen
siehe: *Rosa damascena*
Dante Alighieri 12, 21, 204 f., 207 f.
Darwin, Charles; Darwinismus 85, 230 f., 233 f.
David 205
Destillation 155, 158
Destillierapparat *139*, 158
Diana 194
Dickens, Charles 152
Dionysos 229
Dirksen, Everett 226
Disney, Walt 118
Doc (Rose) 118
Dolly Parton (Rose) 118
Dopey (Rose) 118, 120
Dornröschen *201, 221* f.
Dorothy Perkins (Rose) *107, 141*
Dortmund (Rose) 48, 114
Dr. W. van Fleet (Rose) *176*
Drambuie (Rose) 117

Eduard IV. 225
Eliot, T. S. 21
Elisabeth I. 154
Elisabeth II. 114
Elisabeth, St. *85*, 197
Ellacombe, engl. Geistlicher 231
Enfleurage 160
Englische Rosen 119
Eva 200 f., 205, 210
Extraktion 160

Fashion (Rose) 117
Fashionette (Rose) 117
Félîcité et Perpétue (Rose) 108
Fellemberg (Rose) *191*
Field Farm *7, 44, 170*
Fisherman's Friend (Rose) 119
Floribunda-Rosen *91, 109, 118, 175, 230*
Forum Romanum *35, 118, 141, 224*
Franklin, Benjamin 117
Franziskus, St. 205
Frau Karl Druschki (Rose) 113, 167
Frazer, James George 216
Freud, Sigmund 222
Fru Dagmar Hastrup (Rose) 48
Frühlingsmorgen (Rose) 108
Fungizide 163

Gallica-Rosen
siehe: *Rosa gallica*
Gene, Genetik 88, 174 f., 185
Gerard, John 75, 131, 133, 136
Ginger Rogers (Rose) 118
Gioia (Rose) 113
Giverny (Monets Garten) *35, 48, 51, 108, 127, 163, 205, 211*
Glenfiddich (Rose) 117
Gloire de Dijon (Rose) 49, 114
Gloria Dei (Rose) 44, 114
Goethe, Johann Wolfgang 119
Golden Wings (Rose) *90*
Gore, Catherine 24
Graceland (Rose) 118
Graham Thomas (Rose)
siehe: Thomas, Graham Stuart
Grandiflora-Rosen *55*
Grasse *131, 139, 152*
Grimm, Gebrüder 221
Gruß an Aachen (Rose) 49, 114

Hagebutten 144 f., *157*
Hagia Sophia 156
Hale, Sarah Josepha 229
Harpokrates 149
Händel, Georg Friedrich 118
Heckenrosen *98*
Heilmittel
siehe: medizin. Verwendung
Heinrich II. *53*
Heinrich VI. 224
Heinrich VII. 225
Hemans, Felicia 24
Herrick, Robert 21, 125, 213
Hexen 216
Hi-Ho (Rose) 118
Hidcote Manor *99, 120, 207*
Hieronymus, St. 151
Hildesheimer Dom *156, 185*
Hindenburg, Paul von 114
Hole, Reynolds S. 26, 29 f., 43
Homer 20
Honest Abe (Rose) 114
Hoover, Herbert 114
Horaz 21
Hume's Blush Tea-Scented China (Rose) 84
Hundsrose
siehe: *Rosa canina*

Indy 500 (Rose) 117
Insektizide 163
Ivory Fashion (Rose) *230*

Jahangir 157
Jefferson, Thomas 88, 155
Jekyll, Gertrude 24, 155
Jenkyn Place *29*
Jerusalem 156
Jesus Christus 21, 198, 200 f., 205, 208, 215
Jiminy Cricket (Rose) 118, 120
Johnson, Ben 211
Johnson, Lady Bird 114
Joséphine 88 ff.
Judy Garland (Rose) *117*
Jung, C. G. *222*
Jungfrau Maria
siehe: Maria

Kassel 114
Kennedy, John 89
Kennedy, John F. 117
Khayyam, Omar 24
Kiftsgate (Rose) *71*
Klassifizierung 100, 104
Kleopatra 149, 151
Kletterrosen *21, 24,* 71, 85, *97 f.,* 100, 105, *125, 150,* 162, *174, 176, 181, 185, 193, 209, 234*
Knossos 20
Kohl-Rose
siehe: *Rosa centifolia*
Konstantinopel 156
Kreta 19
Krüssmann, Gerd 99
Kulturrassen 106

L'Imperatrice Joséphine (Rose) 90
La Belle Marseillaise (Rose) *191*
La France (Rose) 105, 120
La Pietra *43, 120, 193*
Lacey, Stephen 25
Lady Mary Fitzwilliam (Rose) 120
Lawrence Johnston (Rose) *99*
Lee's Crimson Perpetual (Rose) 113
Lincoln, Abraham 114
Linné, Carl von 75 f., 78, 231
Lolita (Rose) 118
Lorris, Guillaume de 208
Lucy Bertram (Rose) 120
Ludwig XIII. 19
Ludwig XVIII. 109

Madonna
siehe: Maria
Maiden's Blush (Rose) 108
Malmaison
siehe: Joséphine
Marechal Niel (Rose) 99
Margaret (Prinzessin) 114
Maria, Marienkult 21, *156,* 195, 198, 200 f., 205, 207, 211, 223
Marie de Blois (Rose) 120
Marie Louise von Österreich 90
Marlowe, Christopher 213
Marvel, Andrew *61*
Maurice Chevalier (Rose) 118
Mawe, Thomas 75
McGredy, Sam 114
medizinische Verwendung von Rosen 125, 130 f., 139
Meg (Rose) *109*
Mehltau 163, 169
Meilland, Francis 44
Mendel, Gregor 88
Metamorphose 191
Meung, Jean de 208
Mischgärten 53
Mitchell, Henry 25
Mme. A. Meilland (Rose) 113
Mme. Alfred Carrière (Rose) 49, *75,* 99
Mme. Caroline Testout (Rose) *108, 200*
Mme. de la Roche-Lambert (Rose) 120
Mme. Edouard Herriot (Rose) 78
Mme. Pierre Oger (Rose) 98
Mohammed 210
Mohammed II. 156
Molly McGredy (Rose) 114
Monet
siehe: Giverny
Monticello 155
Moschus-Rosen
siehe: *Rosa moschata*
Mottisfont Abbey *35, 49, 98, 174, 188*
Mozart, Wolfgang Amadeus 119
Mr. Lincoln (Rose) 114
Mulchen 55, 59, 165
Munstead Wood 155
Mutation 78, 117
Muttertag 152
mystische Rose (Rosa mystica) 12, 207 f.

Mythologie, christliche 198
Mythologie, griechische 20, 190
Mythologie, persische 191
Mythologie, römische 190, *227*

Nabokov, Vladimir 118
Napoleon I. 89 f.
Napoleon III. *170*
National Rose Show 30
Nationalblume, Rose als 226 f.
Nero 149, 195
New Dawn (Rose) 49, 120, *149 f., 176, 179*
Nixon, Pat 117
Noisette-Rosen 98, 100, 104
Noisette, Louis 98
Noisette, Philippe 98
Nur-Jahan 157

O'Keefe, Georgia 21
Okulation 54, 175
Omar-Moschee 156
Ostindische Kompanie 84
Othello (Rose) 119
Over the Rainbow (Rose) 117

Paddy McGredy (Rose) 114
Parc Floral d'Apremont *58, 88, 198*
Parfüm 160, 162
Park's Yellow Tey-Scented China (Rose) 84
Parson's Pink China (Rose) 84, 94, 98
Parsons, Samuel B. 19, 24, 100, 105 f., 139, 144, 170
Pascal, Blaise 26
Patentschutz für Pflanzen 175
Paterson, Allen 99
Paul's Himalayan Musk (Rose) 71
Paul, William 24, 169 f.
Peace (Rose) 44, 113
Penshurst Place *81*
Pernetiana-Rosen 105
Pestizide 43
Phlomis samia *120*
Picasso, Pablo 119
Pigmente 174
Pilze
siehe: Schädlinge
Pinocchio (Rose) 118
Plato 20

Plinius der Ältere 21, 75, 130 f., 145, 155
Polyantha-Rosen *175*
Pons, Lily 118
Portinari, Beatrice 205
Portland-Rosen 100
Portland, Oregon 71
Potpourri (Dufttopf) 154 f.
Presley, Elvis 118
Prince Charming (Rose) 118
Prospero (Rose) 119

Rachel 205
Radar (Rose) 117
Radiance (Rose) 120
Raleigh, Walter 214
Rankrosen *30, 53, 69,* 71, *78, 105, 107, 143, 149, 151, 231*
Rapperswil 71
Reagan, Nancy 117
Redouté, Pierre Joseph 94
Reine des Neiges (Rose) 113
Remontantrosen 100
Rhodante (Königin v. Korinth) 191, 194
Rhodos 20
Richard III. 225
Robinson, William 54 f., 58 f., 68, 104 ff.
Rom, Römer *118, 126,* 127, *141,* 149 f.
Roman de la Rose 21, 208 f., 223
Rosa (Gattung) 125, 174
Rosa alba 75, 105 f.
Rosa canina 75, 131, *156, 179, 185,* 189, 198
Rosa centifolia 81, 99 f.
Rosa chinensis 84
Rosa damascena 81, 85, 90, 98 ff., 104 ff., 125, *131, 139*
Rosa foetida persiana *99, 136*
Rosa gallica *20, 77,* 78, 81, 85, 90, 99 f., 104 ff., 189
Rosa gigantea 84
Rosa moschata 81, 90, 98, 100, 105, 131
Rosa multiflora 100
Rosa Mundi (Rose) *53, 170*
Rosa mystica
siehe: mystische Rose
Rosa phoenica 81
Rosa rugosa *14,* 48, 100, *100, 125*
Rosa wichuraiana *29, 78, 89,* 100

Rosaceae (Familie) 125 f.
Rosarien 55
Rose als Heilmittel siehe: medizin. Verwendung
Rose du Roi (Rose) 109
Rose Lelieur (Rose) 109
Rosenasche 130
Rosenausstellung 64, 68 f., *162*
Rosenblütenmarmelade 145
Rosenessig 141
Rosenholz 126
Rosenhonig 141
Rosenkriege 224
Rosenöl *139*, 145, 154 ff., 160
Rosenrost 163
Rosensirup
siehe: Sirup
Rosentinktur 141, 155
Rosenversand 162
Rosenwasser 127, 136, 139, 141, 144 f., 154 ff., 162
Roseraie Bagatelle *61, 97, 113, 170, 213, 231*
Roseraie de l'Hay-les-Roses 71, *197*
Royal Horticultural Society 85
Royal Velvet (Rose) 69
Sackville-West, Vita 25
Saladin 156
Sappho 20
Sarah van Fleet (Rose) 48
Satchmo (Rose) 118
Schädlinge 163
Schnittblumen 71, 179, *195*
Schnittblumenauktion 179
Schnittrosen 64, 162, 176
Scotch Blend (Rose) 117
Scotney Castle *214*
Seneca 150
Sezincote *160*
Shaker (Sekte) 138 f.
Shakespeare 21, 105, 119, 224 f.
Shalimar 157
Signaturenlehre 229
Sirup aus Rosen 133, 136, 141, 144
Sissinghurst Castle 25, *84, 125, 198*
Sitwell, Sacheverell 12
Slater's Crimson China (Rose) 84
Sleepy (Rose) 118
Sminirides 150
Snow Queen (Rose) 113
Souvenir de la Malmaison (Rose) 98
Spenser, Edmund 211
Spetchley Park *208*
St. Albans 71
Sternrußtau *59*, 163, 169
Strauchrosen *24*, 25, *44*, 49, 71, *77*, *98*, 119, *143*, 162
Teehybriden *24*, 59, 61, 64, 69, 71, *75*, *84*, *91*, 100, 104 f., *117*, 119, *125*, 162, *175*
Teerosen 100, 104
Teplitz 114
Thaxter, Celia 155
The Nun (Rose) 119
Theophrastos 20
Thomas, Graham Stuart 25, *49*
Tours *66, 69, 233*
Traubel, Helen 118
Troilus (Rose) 119
Tropicana (Rose) 69
Tudor-Rose 225
Twamley, Louisa Ann 24

Unamuno, Miguel de 26
Venus 21, 150, 190
Vergil 21, 204 f.
Verres 150
Vibert, Jean-Paul 108
vier Ahnen, die 84, 88
Vogue (Rose) 117

Waterman, Catherine 229
Westerland (Rose) *91*
Wheeler, Candace 19, *223*
Whisky Mac (Rose) 117
White American Beauty (Rose) 113
White Lightnin' (Rose) 117
Wichuraiana-Rosen
siehe: *Rosa wichuraiana*
Wilder, Louise Beebe 152
Willmott, Ellen 24
Windsor, Herzog von 114
Wordsworth, William 21
Wright, Frank Lloyd 61

Yeats, William Butler 21
York-und-Lancaster-Rose 225

Zentifolien
siehe: *Rosa centifolia*
Zweibrücken 71

Bibliografie

Alte Rosen und Wildrosen. Von Jacob, Anni/Grimm, Hedi/Grimm, Wernt/Müller, Bruno. Stuttgart, 1990

Brecht, Ursula: *Freude mit Rosen.* Weingarten, 1989

Bühnemann, Otto: *Rosen. Auswahl, Pflege, Gestaltung.* Niedernhausen, 1991

Glasau, Fritz: *So hat man mehr Freude an Rosen.* Hamburg, 1981

Gottschalk, Werner: *Ratschläge für den Rosenfreund.* Leipzig. 3. Aufl. 1990

Hanisch, Karl H.: *Erlebte Rose.* Stuttgart, 1988

Harkness, Peter: *Moderne Gartenrosen.* Münster, 1989

Heinz-Mohr, Gerd/Sommer, Volker: *Die Rose. Entfaltung eines Symbols.* München, 1988

Kreuzer, Johannes: *Kreuzers Gartenpflanzen-Lexikon. Kurz und bündig.* Bd. 5: Rosensorten, Mittelmeerflora. Braunschweig, 1987

Krüssmann, Gerd: *Rosen Rosen Rosen. Unser Wissen über die Rose.* 2. neubearb. Aufl., Hamburg, 1986

Nissen, Gerda: *Alte Rosen. 37 bekannte und unbekannte alte Sorten aus Dithmarscher Gärten.* Heide/Holst., 1987

Noack, Erich/Kallauch, Walter/Hentig, Wolf von: *Rosenkultur unter Glas und im Freiland.* 3. neubearb. Aufl., Hamburg, 1972

Noack, Horst: *Schöne Gartenrosen.* Stuttgart, 1989

Phillips, Roger/Rix, Martyn: *Rosen. Mehr als 1400 Rosen in Farbe.* München, 1988

Ridge, Antonia: *Die Rosenfamilien. Die Geschichte eines Lebens für die Rosen.* 6. Aufl., München, 1990

Rosenfeld, Christel: *Rosenträume.* Freiburg, 1990

Schleiden, Matthias J.: *Die Rose. Geschichte und Symbolik in ethnographischer und kulturhistorischer Beziehung.* (Nachdruck der Ausgabe von 1873). Öhningen, 1976

Sieber, Josef: *Rosen. Auswahl, Pflege, Nachbarschaft.* 3. Aufl., München, 1990

Steffen, Ludwig: *Rosen unter Glas und Treibgehölze.* Stuttgart, 1969

Steinhauer, Helmut: *Vom betörenden Zauber der Rosen.* Niedernhausen, 1984

Westrich, Josh (Hrsg.): *Die Rose.* Köln, 1989

Woessner, Dietrich: *Rosen – mein Hobby.* 2. Aufl., Bern/Stuttgart, 1982

Woessner, Dietrich: *Rosen für den Garten.* 2. überarb. Aufl., Stuttgart, 1988

Woessner, Dietrich: *Rosenkrankheiten.* 3. erg. Aufl., Stuttgart, 1987